Help Your Mind t
Semi per il camb

30 Settembre 2017

A Pieli,

sperando che sia letto, gradito e dato un sincero feedback

Auguri per la vita!

Help Your Mind to Change

edizione ebook
ISBN 978-1-312-74239-0

edizione stampata
ISBN 978-1517518745

Massetti-Publishing

Help Your Mind to Change

Rosa Ucci

Copyright Rosa Ucci 2014

Published by Enrico Massetti

All Rights Reserved

*A Beatrice ed Elena
mie adorate nipotine*

INTRODUZIONE

Un'esperienza originale e persino sorprendente.

Il presente lavoro è il risultato oltre che di un'elaborazione di teorie e studi psicologici, soprattutto di un'esperienza personale, quella di una serie di lezioni/conversazioni che l'autrice ha tenuto nell'ambito dell'Università della terza età di Pescara e provincia a contatto con un'umanità ricca e variegata, fatta di esperienze di vita e professionali, spesso portatrice di problematiche a volte persino sorprendenti.

Non è stata mai un'esperienza a senso unico, al contrario si è trattato di un "procedere insieme", di un crescere nelle conoscenze autentiche, nella consapevolezza dell'evoluzione delle problematiche, che, quasi per un fenomeno spontaneo, venivano a integrare e arricchire le tematiche fondamentali.

Possiamo dire, a conclusione almeno parziale del nostro itinerario, che l'autrice ha avuto un arricchimento determinante dal contatto di queste personalità tutt'altro che rassegnate in grado di mettersi in discussione, capaci di interloquire e frequentemente di esprimere considerazioni personali mai banali.

Per avere un'idea più chiara di quanto stiamo affermando è sufficiente fare i conti con le premesse di questo nostro lavoro che tratta, non a caso, il fenomeno crescente della "globalizzazione della malattia mentale".

Siamo sempre più immersi in una realtà del tutto diversa da quella del passato, persino di quello relativamente recente.

Siamo una scheggia di un nuovo organismo umano sempre più multiculturale e, quindi, sempre più arduo da comprendere e decodificare. Un tessuto sociale nuovo caratterizzato da spinte e controspinte che, di sicuro, rendono più problematiche le condizioni di disagio psichico, soprattutto nella sua interpretazione più antica e impegnativa, come "sofferenza dell'anima". Essa non può essere combattuta con la semplice prescrizione di un farmaco, come se la chimica fosse in grado, da sola, di dare risposte a domande e malesseri complessi. Le esperienze, da questo punto di vista, sono state molteplici ma quasi sempre con risposte deludenti o per lo meno insufficienti.

Alcune riflessioni e ricerche sono dovute anche ad eventi recenti, non prevedibili nei modi, nei luoghi e nelle conseguenze, che hanno messo a dura prova alcuni settori consolidati e qualificati della società contemporanea. Un esempio è il recente terremoto che ha colpito la città dell'Aquila modificandone la fisionomia non solo fisica ma il suo modo di essere come comunità. È evidente che alcune generazioni non potranno recuperare un antico e tradizionale modo di essere. Altre, più giovani, faranno forse in tempo a ricollocarsi nel filo di un discorso interrotto, avendo perso comunque anni di esperienze e soprattutto subito conseguenze durissime in termini psicologici, di serenità ed equilibrio complessivo.

Un cammino sempre difficile quello dell'uomo e della donna, quando si tratta di affrontare delle novità e dei cambiamenti che ci trovano, quasi sempre, impreparati. E proprio in quei momenti che noi tutti abbiamo bisogno di mettere mano alle nostre risorse più riposte e peculiari, a quelle dimensioni di creatività che rischiano di essere travolte da un accomodamento passivo in abitudini quotidiane e nella consuetudine che fa riferimento a vecchi modelli che oggi non esistono più. Ci riferiamo soprattutto a modelli di tipo patriarcale che hanno caratterizzato la crescita e la vita stessa di intere generazioni e che nel mondo contemporaneo non esistono più, lasciando un vuoto che deve essere sostituito da "altro", da qualcosa di positivo con cui, soprattutto le generazioni più mature, fanno fatica a fare i conti e a maturare delle consuetudini nuove.

Nel corso delle conversazioni con tali personalità non rassegnate ad uscire di scena e che continuamente ponevano questioni ed interrogativi anche inquietanti, non poteva mancare, in primis, la definizione stessa, o almeno il tentativo di farlo, del concetto d'invecchiamento e di vecchiaia. Cercare di indicare, ove sia possibile, se ci sono dei limiti anagrafici e vitali precisi che segnano una data di svolta verso la vecchiaia. Sono appuntamenti antichi questi che oggi possono essere affrontati in termini nuovi e con ben altre prospettive al cospetto di un rapido progresso della medicina e delle conoscenze che hanno reso desueti ed inefficaci antichi parametri. I fattori che maggiormente incidono sulla condizione di persone non più giovani non sono solo quelli di carattere fisico e le prospettive di una salute che tende a essere gradualmente deficitaria. Non meno importante è la trasformazione della società nel suo complesso ed il venir meno di alcuni punti di riferimento che, specialmente per i non più giovani, costituiscono un cambiamento traumatico. Ci riferiamo per esempio al cambiamento radicale che ha caratterizzato il modo di essere della famiglia nel nostro tempo e, di conseguenza, il mondo degli affetti e le prospettive personali che erano sempre state immaginate in un contesto non più esistente e rassicurante. Le conseguenze di questo mutato panorama esistenziale sono facilmente immaginabili ed accompagnano, da tempo, la cronaca quotidiana del nostro tempo di crisi globale. Ci s'interroga, sempre più sul senso stesso della vita e a volte si riscoprono e s'incontrano per la prima volta, prospettive e significati nuovi che fanno riferimento ad una concezione religiosa o, comunque, spirituale che era stata del tutto accantonata o rimossa. Ma la cura dell'anima non si improvvisa, una prospettiva alta della vita non si crea con formule semplicistiche e devozionismi poco credibili. Proprio per questa ragione, il posto di una sistematica educazione della propria interiorità viene spesso occupato da altro. È qui che la chimica prende prepotentemente un suo posto nella vita degli individui e finisce per condizionarla in maniera spesso patologica. La conseguenza è, frequentemente, il deserto o una palude confusa di sentimenti ed aspettative sempre disilluse.

Nelle nostre conversazioni, sempre animate da contributi di interlocutori curiosi e critici, non abbiamo non potuto fare i conti con una domanda risolutiva di molte altre, spesso omesse: c'è uno spazio per la felicità individuale in questo nostro mondo difficile, specialmente per uomini e donne non più giovani ma che non hanno rinunciato a desideri e curiosità? Se la risposta è affermativa, se è possibile essere felici in ogni stagione della vita, essa che contorni ha? Cosa rende un uomo e una donna capaci di essere felici anche in stagioni diverse da quelle della giovinezza, ormai remota ma non dimenticata? Le risposte a questi interrogativi, come si potrà vedere, saranno persino in parte sorprendenti, come lo sono sempre quelle di interlocutori attenti e non rassegnati. In tutte le situazioni non possiamo fare a meno di custodire gelosamente la parte più creativa e originale della nostra personalità, del modo di essere e di concepire la vita non dobbiamo rassegnarci alla perdita di alcune certezze che hanno fatto, spesso, da filo conduttore della nostra vita.

Il matrimonio è stato, per molti, soprattutto un punto di riferimento, una certezza, un'aspirazione, ma anche una condanna all'infelicità e all'incompiutezza. La fragilità della coppia contemporanea è un dato caratterizzante del nostro tempo, il venir meno di un punto di riferimento per lasciare spazio ad altro, a qualcosa di generalmente problematico. Per un modello che conosce una crisi molto accentuata, quello del matrimonio tradizionale, vengono a proporsi altre forme di rapporti, più o meno duraturi, ma tutti con un forte carico di aspettative e di criticità che comportano un inevitabile carico di sofferenze e di attese spesso disilluse. La crisi economica e quella più generale del nostro modello di civiltà e sviluppo, hanno dato una spinta ulteriore alle incertezze del nostro tempo, anche se l'idea stessa di coppia continua ad essere al centro dell'attenzione e dell'ideale di modello organizzativo di una convivenza che può assumere varie tipologie.

Se il modello tradizionale del matrimonio sembra, alla luce delle statistiche, sempre più in difficoltà ed è difficile per la generalità delle persone investire emotivamente, non si può fare lo stesso discorso per altre forme di organizzazione umana sempre molto importanti. È il caso ad esempio del lavoro umano che sta mutando profondamente le proprie caratteristiche e soprattutto le finalità di fondo, quelle che attribuiscono al lavoro umano un significato più profondo.

Per intenderci, la scelta del lavoro non è più correlata esclusivamente alla necessità di una sopravvivenza materiale ma acquisisce, nella generalità dei casi, un senso diverso, che riguarda altre e più complesse forme di gratificazione. Proprio per queste ragioni la difficoltà di tanti giovani, e non solo, di trovare un lavoro gratificante o un'occupazione adeguata alla propria formazione, aggrava ulteriormente i disagi di questo momento difficile. Le debolezze del sistema sociale, politico ed emotivo in cui siamo immersi, diventano sempre più immediatamente visibili a causa delle profonde trasformazioni del nostro tempo, soprattutto nel campo dell'informazione e delle ancora inesplorate possibilità che ci offre il settore dell'informatica.

Abbiamo registrato trasformazioni così radicali da cogliere con difficoltà la pluralità delle occasioni positive non solo per le giovani generazioni ma anche per il prolungamento delle possibilità di attività da parte delle persone più anziane. Alcune recenti esperienze, rivolte proprio a questa fascia d'età solitamente trascurata, ci lascia ben sperare per la conservazione di uno standard positivo di attività fino ad un'età molto avanzata. Non è raro il caso di persone che, dopo una vita di lavoro dipendente in qualche settore della burocrazia, siano andate in pensione per riscoprirsi portati per la realizzazione di attività nelle quali servono capacità imprenditoriali e conoscenze informatiche, in cui non sono richieste carte d'identità ma solo capacità, rigore e fantasia che non appartengono in esclusiva alle generazioni più giovani.

La vita in realtà non finisce mai di sorprenderci e di porci di fronte a situazioni nuove e a scelte continue che ci costringono a metterci continuamente in discussione. Fare il calcolo delle sconfitte e delle vittorie che hanno segnato e caratterizzato la vita di ciascuno di noi è del tutto inutile, non serve a renderci più felici. Come in tutte le stagioni più importanti della storia dell'umanità, così anche nella nostra, sono state richieste capacità di adattamento. Oggi la richiesta più urgente è una dote rara, quella della creatività, della capacità di affrontare tutte le situazioni uscendone in maniera originale, avendo dato ognuno un suo, sia pur piccolo, contributo ed essendone uscito in qualche modo arricchito.

Abbiamo cercato di sottolineare come nella società contemporanea l'uomo sta mutando le sue funzioni, in un contesto diverso, sempre più simile a un grande palcoscenico naturale. Sul proscenio teatrale l'uomo e la donna diventano, che lo vogliano o no, che ne siano consapevoli o meno, attori di una stessa grande rappresentazione nella quale ognuno recita un ruolo. In questo contesto in cui prevale una sorta di etero direzione obbligata dei comportamenti, ognuno cerca, a fatica, di salvare se stesso e di ritagliarsi uno spazio autonomo.

Nelle nostre conversazioni abbiamo avuto modo, spesso, di sottolineare come la vita sia, in definitiva, sempre un viaggio più o meno lungo e significativo, in grado cioè di lasciare una traccia, di dire e dare qualcosa. La nostra presenza personale nel mondo non è mai il frutto di un'improvvisazione, di un atto creativo momentaneo. È sempre una storia che inizia da molto lontano e che non ci abbandonerà mai. Questa vita è come un fiume, sempre lo stesso e continuamente nuovo. Una vita caratterizzata dalla ricerca di alcune certezze fondamentali che facciano da fondamento e da rassicurazione. Ma l'unica certezza che abbiamo, come più volte sottolineato, va nella direzione opposta: nella sostanziale assenza di certezza.

La vita psichica è sempre in conflitto, un combattimento corpo a corpo, una sfida continua che ci pone a contatto con tensioni e tentativi di rinnovamento. Ogni persona non fa altro che mettersi continuamente in discussione. Lungo questo viaggio non possiamo però evitare di fare i conti con l'altro per definire meglio la nostra identità e il peso dei nostri desideri particolari.

Come è stato autorevolmente evidenziato, questo nostro "attraversamento della vita" è sempre un tentativo di ricerca del senso della vita e delle proprie verità interiori, facendo inevitabilmente i conti con sconfitte e conquiste, sempre alla ricerca di un vero "contatto armonioso" con gli esseri con i quali ci capita di incrociare la nostra vita.

Dopo aver preso spunto da quello che è ormai un classico del nostro tempo, ovvero il capolavoro di Jeremy Rifkyn "La fine del lavoro" per riflettere su una serie di cambiamenti storici che caratterizzano la società contemporanea, abbiamo cercato di proporre alcune considerazioni sui riflessi di tipo psicologico di cambiamenti epocali sull'uomo contemporaneo anche per evidenziare l'inadeguatezza delle vecchie ideologie nelle interpretazioni di fenomeni radicalmente nuovi.

Non è certamente un fenomeno del tutto nuovo il ruolo che la sessualità ha nella società contemporanea. Lo è però soprattutto nei modi e nelle forme nelle quali si manifesta e coinvolge singoli individui. Molto spesso il problema viene affrontato superficialmente, come se la sessualità umana fosse identica a quella animale e paragonabile a una serie di meccanismi esclusivamente di tipo biologico. La liberazione della sessualità non vuol dire la sua banalizzazione ma al contrario inserirla nella totalità della persona, con i suoi fini e i suoi valori. Anche in questo caso si tratta di compiere una strada per non cadere nell'insignificanza, nella reiterazione meccanica e nell'apatia.

Da questo complesso lavoro di relazione, di sforzo, di attenzione prima ancora che di enunciazione è uscita sicuramente rafforzata la nostra consapevolezza dell'importanza di quell'arte preziosa, misteriosa e poco praticata che è "l'arte di saper ascoltare". Tutti noi abbiamo bisogno di un regalo prezioso e raro: essere ascoltati, possibilmente capiti ed infine creare una relazione efficace. Si tratta di un intero mondo che va esplorato e scoperto nei suoi contorni e nella sua qualità straordinaria. Sono i campi di ricerca soprattutto di quella psicologia umanistica che ci ha fatto capire molte cose di quest'arte difficile e preziosa in grado di far crescere la nostra attività professionale e umana.

Non sono meno importanti alcuni aspetti della vita individuale e sociale che abbiamo cercato di affrontare per completare un panorama che sarà ovviamente sempre incompleto con la minore quantità di zone buie possibili. Parliamo di alcune considerazioni sulla comunicazione verbale e sul modo migliore di conoscere gli aspetti fondamentali di un'altra arte, quella di saper parlare, che nel nostro tempo ha un ruolo fondamentale, e nello stesso tempo viene sempre meno praticata e rispettata. Un grande rilievo hanno, da questo punto di vista, le nuove tecnologie della comunicazione che molto spesso finiscono per produrre un impoverimento della qualità della comunicazione e una sua banalizzazione.

Un tentativo, il mio, di portare a conclusione, sempre parziale ed imperfetta, un'esperienza che mi ha reso più completa, mi ha costretto a qualche riflessione e che, spero, possa servire a chiarire qualche angolo di questo nostro tempo difficile.

Capitolo 1
IL COMPORTAMENTO DELL'UOMO DI FRONTE ALLE CONSEGUENZE DEI DISASTRI NATURALI E...NON SOLO.

La globalizzazione della malattia mentale

Abitiamo un mondo completamente nuovo, conoscerlo diviene oggi una necessità intellettuale e vitale.

Abbiamo bisogno di porci degli interrogativi sul mondo, sull'uomo, di civilizzare le nostre teorie, abbiamo bisogno di una nuova generazione di teorie aperte, di armarci nel combattimento vitale per la lucidità.

Per i passaggi epocali non ci sono ricette pronte ma sfide di pensiero e di paziente sperimentazione.

La rivoluzione informatica ha del copernicano, l'uomo è seduto e il mondo gli gira attorno capovolgendo i termini con cui, dal giorno in cui è apparso sulla terra, egli ha fatto esperienza.

Radio, televisione, computer, telefonini determinano un nuovo rapporto tra noi e i nostri simili, tra noi e le cose.

Senza demonizzare le enormi potenzialità dei mezzi di comunicazione essi comunque ci plasmano, qualsiasi sia lo scopo per cui li impieghiamo, gli avvenimenti che internet ci porta a casa trasformano il nostro modo di fare esperienza. Il mondo può anche diventare illeggibile per overdose di informazioni.

Non più il viandante che esplora il mondo, ma il mondo che si offre al sedentario, il quale non lo percorre ed al limite neppure lo abita.

In questo panorama osserviamo un uomo stravolto, disorientato da questo nuovo mondo, un mondo nel quale l'uomo subisce una costante sofferenza chiamata genericamente "Sindrome di Adattamento".

La legge della vita recita: "Adattati e Trionfa, Metabolizza e Diventa", ma oggi l'adattamento a queste trasformazioni radicali è molto costoso. Il prezzo che si paga è il disturbo mentale.

I disturbi mentali sono in aumento, interessano l'intero globo, sia i paesi ad alto reddito come l'Europa e gli Stati Uniti, che i paesi di reddito medio-basso. Si prevede che la depressione nelle sue varie espressioni, sarà la malattia più diffusa dietro solo all'AIDS.

In Italia apprendiamo che ci sono 10 milioni di sofferenti mentali, e sono solo quelli dichiarati: L'OMS (Organizzazione Mondiale della Sanità) ci dice che 1/6 dell'umanità, in altre parole 1 miliardo di persone, sono sofferenti psichici e ben 600 milioni abitano nei paesi industrialmente e tecnicamente più avanzati.

Nei paesi ad alto reddito i servizi di salute mentale si basano sulla psichiatria biologica che ha lo scopo di capire la malattia mentale secondo la funzione biologica del sistema nervoso. Si è così iniziata la caccia a sostanze magiche che potrebbero riparare gli squilibri chimici che si pensava fossero le cause delle malattie mentali.

Molte sostanze sono create e messe in vendita con risultati decisamente deboli tanto che molti studiosi sono portati a pensare che la psichiatria biologica "sia una pratica in cerca di una scienza". Questa psichiatria organicistica che impiega farmaci, se pure in alcuni casi utilissimi, si affida solo alla genericità del farmaco, non cogliendo la specificità della sofferenza.

È bene sottolineare che il modo di ammalarsi se è uguale per tutti quando le malattie sono del corpo, è specifico per ciascuno quando la malattia è dell'anima, per cui equiparare la competenza psichica alla competenza medica significa non solo ignorare la specificità della sofferenza psichica, ma anche la specificità dell'intervento psichiatrico che con quello medico ha solo marginali similitudini.

La sfida è trattare la depressione non come un'alterazione del cervello della società o di un gruppo di gente, ma un'alterazione di un particolare cervello, un unico cervello quale è, per esempio, il mio. Infatti, i cambiamenti nella chimica del mio cervello dipendono dai miei pensieri, dalle mie aspettative, attività, cibo, movimento.

Il cervello è uno strumento della mente, quello spazio infinito in noi che fa riferimento alla psiche.

La parola "Psiche" in greco significa anima, spirito. La mente è la porta della psiche.

I medici preposti alla cura dell'anima sono gli Psichiatri (da Psiche=anima, e Iatria=cura).

La ricchezza della psiche giace in regni più profondi, dove noi troviamo i doni della contentezza, della compassione e la possibilità di dare significato alla vita.

Ma per curare l'anima bisogna conoscerla. Purtroppo la maggior parte degli psichiatri si sente esonerata dalla conoscenza dell'anima individuale, a loro basta conoscere i sintomi, la malattia.

Il catalogo dei sintomi, attraverso le varie edizioni, sono elencati nel DSM (Manuale Diagnostico Statistico); molti psichiatri seguono rigidamente il DSM, si attaccano alle sue definizioni come un naufrago a tutto quello che gli capita sotto mano, per non affogare nel mare dell'incertezza e della non conoscenza: perché oggi in quanto a malattie mentali il nostro serbatoio d'ignoranza è senza limiti.

Cento anni di osservazione psichiatrica ci hanno detto solo il carattere transitorio di molte malattie mentali, nel senso che si presentano in una certa epoca e in un certo luogo, e poi spariscono.

Manca un criterio scientifico e, nel vuoto del sapere, sono i pregiudizi a farla da padroni. È molto importante che la psichiatria affianchi alla ricerca genetica e biologica, un'elevata sensibilità ed attenzione per le trasformazioni sociali. Ma per questo occorre una cultura umanistica in quanto non è possibile curare la mente, che è l'organo che sintetizza la cultura, prescindendo dalla cultura che è il lavoro della mente.

Come diceva Ronald Laing "la biochimica di un essere umano è altamente sensibile alle circostanze sociali".

Lo sguardo dominante della psichiatria organicistica, sostenuto dall'industria farmaceutica, non vede l'uomo ma solo la malattia, non esiste per loro una soggettività portatrice di segni il cui significato muta a seconda del contesto ambientale e della comunicazione interpersonale.

Solo la psichiatria fenomenologica, che in Italia non è insegnata in alcuna scuola di specializzazione, si presta all'ascolto dell'uomo per andare incontro alla speranza di chi soffre.

Ma perché non avviene un'integrazione tra questi due orientamenti psichiatrici?

Perché la pratica farmacologica ha preso il sopravvento e la follia diventa sempre più una faccenda "medica" e non più un evento umano.

Alla base del disagio psichico c'è sempre una sofferenza affettiva, una sofferenza dell'anima.

Oggi è collassata la relazione sociale e soprattutto quella affettiva: alla relazione sociale si preferisce il ricorso quotidiano alle pillole che hanno come prima funzione quella di mettere a tacere definitivamente il cuore.

E questo è il modo più sicuro per non entrare in dialogo, prima che con gli altri, con il profondo di se stessi; il cuore si è fatto duro e si è persa la fiducia nel carattere terapeutico che la comunicazione autentica e la relazione sociale possiedono come loro tratto specifico, come ognuno di noi può verificare quando sta male.

Ma cos'è questa depressione che aumenta e si diffonde in tutto il globo?

È quella condizione dell'anima che si registra quando il mondo circostante non ci dice più nulla e quello dei nostri sogni e progetti tace.

È collassata la realtà come la tradizione ce l'aveva fatta conoscere e la nostra mente non ha più riferimenti, non ha più nessuna chiave di lettura per riorientare l'anima.

Non è dunque più reperibile un senso se prima non perveniamo ad una chiarificazione della nostra visione del mondo, un mondo che ha generato progressi giganti in campo scientifico e tecnologico, ma ha prodotto cecità verso problemi globali, complessi e soprattutto ha prodotto una indifferenza dell'anima.

In questa afasia dell'anima individuale si fanno strada quei rimedi tecnologici che si chiamano psicofarmaci.

L'agenzia americana per i farmaci ha autorizzato l'uso del Prozac per i bambini e gli adolescenti depressi: ma questo farmaco non può essere un rimedio sufficiente di una comunicazione mancata o della mancata formazione di quel nucleo caldo che, ben consolidato nell'infanzia, è la migliore difesa contro l'insidia della depressione.

Molti studiosi hanno definito la grande malattia del XXI sec. come la "perdita dell'anima"; occorre riportare l'anima dentro la vita, occorre, come dice Thomas Moore, "prendersi cura dell'anima".

Ma cos'è l'anima?

Un concetto che, insieme alla nozione di individuo, nasce in Occidente, e su cui l'Occidente ha costruito la sua cultura. Un concetto difficile da cogliere nella definizione ma che sappiamo ha a che fare con l'autenticità e la profondità come quando diciamo di un brano musicale che è pieno d'anima o che una persona straordinaria è una persona che ha l'anima. L'anima si manifesta sia nell'amore della convivialità come nell'amore della solitudine interiore.

Nella nostra epoca è difficile cogliere l'anima perché si è lontani dalla propria interiorità e non assegniamo ad essa un posto nella gerarchia dei valori.

Riportare l'anima dentro la vita vuol dire impegnarsi a capire, a conoscere i problemi del mondo che ci circonda, ad essere continuamente in ascolto della propria interiorità.

È una sfida oggi: l'anima non è una cosa, è una qualità, una dimensione del nostro modo di fare esperienza della vita e di noi stessi. Ha a che fare con la profondità, il valore, la relazione, il cuore e l'essenza della persona.

Abbiamo attraversato leggi, regole, funzioni e culture, esse non ci hanno portato alla "sorgente d'acqua viva", alla pregnanza di anima dentro di noi.

L'uomo è in grado di recuperare l'oggetto primordiale, quel concetto di anima su cui l'occidente ha costruito la sua cultura e che oggi non ha molto senso.

Il mondo tecnico ci ha sempre accompagnato, non sempre esso ci da il meglio ma esso è inevitabile, e di fronte all'inevitabile il rifiuto è patetico.

Una volta che l'uomo recupera la sorgente, può tenersi tranquillamente anche le macchine, torna così signore e padrone della terra e del suo cervello, un cervello che gli riconsegna la verità avvertita dal suo cuore non più sepolto dagli psicofarmaci.

Il ruolo cruciale della competenza psicologica in caso di disastri naturali.

In tempo di radicali cambiamenti ho sostenuto, in diverse occasioni d'incontro, quanto sia importante una cultura psicologica.

In un mondo che ci travolge diventa quanto mai necessario avere alcune nozioni dei processi, dei meccanismi della mente umana, delle sue modalità, per evitare i rischi permanenti d'errore e d'illusione.

La mente compie molti errori. Errori nella percezione, nell'interpretazione dei fatti; le nostre emozioni, – es. ansia e paura – possono provocare perturbazioni mentali che moltiplicano i rischi e gli errori. Egocentrismo, bisogno di autogiustificazione, la tendenza a proiettare negli altri le cause del male, fanno si che ognuno menta a se stesso. Il nostro psichico è complesso, merita di essere conosciuto, in special modo in tempi come questi, tempi senza punti di riferimento, ricco di stress psicofisico e non di rado immerso in situazioni estreme quali possono essere incendi, inondazioni, terremoti etc.

La mia riflessione di oggi è soprattutto il risultato di quanto personalmente ho esperito in occasione del terremoto dell'Aquila e di ricerche e studi condotti nel mio soggiorno australiano. In quel caso d'emergenza della nostra regione ho potuto tristemente constatare il vuoto di pensiero profondo, "alto, ed invece ho potuto rilevare il dominio, nel dibattito pubblico, della semplificazione e banalizzazione di ogni problema". Un evento poderoso e schiacciante come il terremoto viene depotenziato di profondità. Un evento di tale drammaticità diventa narrazione, racconto, evento mediatico. Le rovine del terremoto sono ostentate come backstage di star e primi ministri. Il G8 viene trasferito dalla Maddalena all'Aquila che diventa simbolo d'avversità naturale, destinatario perciò di sentimenti altruistici e solidali. I grandi si mostrarono concordi nell'afflato solidaristico. Ognuno promette qualcosa, ognuno assicura che farà. Si monta una grande comunicazione senza entrare negli effetti della catastrofe che perdurano negli anni, anzi, nel fuoco delle polemiche, si ribadisce che gli abruzzesi hanno "la capa tosta" e quindi sapranno sicuramente cavarsela. Si assiste ad una monocultura emergenziale militarizzata.

Al di là dello spettacolo e rifuggendo la retorica, sento doveroso riportare alcune ricerche sull'impatto che hanno i disastri sulla salute mentale. La gente che è colpita da una calamità, subisce un trauma. Le reazioni delle persone ovviamente sono molto differenti. Ci sono quelli robusti psicologicamente che non hanno conseguenze gravi e si riprendono facilmente. Ma ci sono altri che presentano sintomi per molti anni e molti altri ancora che non si riprenderanno mai.

Le ricerche dimostrano che un intervento immediato, e precisamente entro i tre mesi dal trauma, impedisce ai superstiti di sviluppare problemi seri cronici. Fermamente convinta di questo ho messo immediatamente a disposizione la mia professionalità e le mie tecniche di rimozione del trauma acquisite in Italia e all'estero. Ma furono poche le persone che hanno preso la decisione di sottoporsi a tali interventi offerti, dal sostegno psicologico alla rimozione del trauma o semplicemente al rinforzo dell'Io. L'alterazione dell'Io, in caso di disastri, può essere soltanto temporaneo e alcuni accorgimenti di sostegno possono essere sufficienti per il riequilibrio dell'Io. Ma occorre un prerequisito: la collaborazione razionale del soggetto; una fiducia nella competenza psicologica che purtroppo ho riscontrato non esserci.

Il punto cruciale è che le persone reagiscono in maniera diversa. Siamo unici con bisogni differenti. Pertanto l'intervento va costruito su misura, su bisogni tangibili e precisi del superstite in quel momento, non sui bisogni di coloro che intervengono per sentirsi utili e/o per aderire ad una qualsivoglia teoria.

Un altro punto centrale è il fatto indiscutibile che il pianeta è a rischio e certe aree, come le nostre, sono ancora più a rischio, quindi bisogna essere preparati all'emergenza. Si è parlato tanto in questi anni di emergenza, addirittura di meta progetto di rinascita nelle varie regioni a rischio: criteri da assumere, valori da salvaguardare, vincoli da rispettare. Estremamente giusto, ma è necessario altresì porsi obiettivi più "alti", non solo un compiersi soltanto fisico della ricostruzione. Al di là di presentimenti e delle premonizioni dell'Italian Cassandra, Giampaolo Giuliani, cerchiamo di avanzare in termini di prevenzione, ovvero di riduzione dei danni psicofisici, non solo, ma di fondare altresì una convivenza possibile con i fenomeni disastrosi.

Abbandonare la concezione magica dei disastri naturali e pensare ad informazioni globali di probabilità di accadimento di eventi distruttivi, approcciare una cultura psicologica per sapere cosa accade nella propria psiche di fronte al pericolo, affinché tutti vengano chiamati a giocare d'anticipo attrezzandosi per minimizzare i danni a cose e persone, soprattutto quei danni che potrebbero verificarsi molto tempo dopo che le sirene si sono allontanate dai luoghi disastrati. È compito degli psicologi accorciarsi le maniche.

Gli psicologi hanno un compito molto speciale ma è compito anche di ognuno di noi decidere di avvicinarsi a conoscenze più adeguate, ad una "riforma del pensiero" come dice Morin non solo per eliminare l'idea incrostata del "posto fisso" che non c'è più, ma anche di capire, per esempio, che quando siamo assaliti dall'ansia non possiamo fuggire da essa, ma dobbiamo rispondere a essa, rimanendo in contatto con il proprio corpo ed elaborare i processi mentali che accadono in quel momento.

È una realtà schiacciante che i disastri determinano una varietà di problemi mentali post trauma.

Il DSM IV, il manuale diagnostico internazionale definisce, con il nome disturbo post traumatico da stress "PTSD" ciò che accade dopo aver sperimentato un evento traumatico. Ma spesso appaiono altri sintomi con o senza la sindrome PTSD, quali per esempio l'ansia generalizzata, il panico e la depressione.

Quando il disastro procura una perdita massiva di morti, il dolore delle perdite delle persone care determina un persistente stato emotivo caratterizzato da un'incapacità di andare avanti, un pensiero assillante per la perdita, la mancanza di speranza per il futuro.

Questi stati d'animo complessi sono sempre presenti per la maggior parte delle persone che subiscono un lutto. Ma le ricerche dimostrano che quando la morte è traumatica quel tipo di lutto determina uno stato patologico distante dalle forme classiche di depressione e di ansietà e i trattamenti usati per la depressione non sono efficaci in questi casi.

Questi lutti complessi determinano, altresì, comportamenti molto lesivi per la salute, come incremento di alcool, sigarette, droghe, comportamenti che deteriorano la qualità della vita. Le calamità naturali presentano sintomi e problematiche che non sono riconducibili alle tradizionali categorie diagnostiche, ma tutti questi comportamenti alterati come ad esempio conflitti interpersonali, ansie, uso di sostanze, danno seri problemi a individui, famiglie e comunità. Per tali motivi è molto importante il lavoro iniziale. Una diagnosi iniziale che identifichi i superstiti che sono ad alto rischio, i quali potrebbero sviluppare problemi a lungo termine.

Tale diagnosi, ASD (Acute Stress Disorder) monitora le reazioni da stress che sono i precursori di problemi a lungo termine. L'obiettivo è quello di identificare quello che in poco tempo dovrebbero sviluppare il PTSD. È chiaro che è difficile prevedere lo sviluppo di problemi persistenti, ma diventa molto utile monitorare le persone e incoraggiarle a chiedere aiuto.

Oltre l'impatto iniziale ci sono gli stressors che seguono i disastri: i trasferimenti dalle proprie abitazioni, la perdita del lavoro, le procedure legali, le perdite finanziare; tutte queste perdite contribuiscono ad aumentare e rafforzare i sintomi per anni. Le diverse situazioni stressanti, a diversi gradi, minano la salute mentale dei superstiti che hanno sempre più difficoltà di ripresa. Un detto popolare comune a tante culture recita "Sii pronto!" "Be Prepared!" Pronto ad affrontare le difficoltà della vita. La saggezza popolare ci indica un concetto che ha molto senso, un buon modo per approcciare la vita. "Sii pronto" significherebbe "Pensa ad andare avanti", "prenditi cura di te", una cura particolare affinché tu possa affrontare le emergenze della vita.

I disastri naturali ci sono sempre stati, ma oggi i disastri abbracciano un range più ampio, i terremoti sono anche finanziari, i cambiamenti climatici, le ristrutturazioni organizzative. In questo contesto essere pronti, essere preparati, diventa un dovere, una pietra miliare, costituisce una componente essenziale per affrontare situazioni sconosciute, difficili, molto spesso disastrose. Ma che cosa significa essere preparati? Significa avere un altissimo grado di consapevolezza che coinvolge i propri processi mentali, le proprie risorse, la capacità di riconoscere e gestire la propria ansia, la capacità di gestione dei propri pensieri, emozioni e azioni. L'essere consapevoli della propria condizione umana, avere conoscenza dei problemi cruciali del mondo, nei momenti di emergenza aiuta le persone a essere più sicure di se, più in controllo, a essere pronti all'azione, pronti ad apprendere i consigli degli esperti, in caso di disastro, le strategie che gli esperti suggeriscono, ma anche come un evento catastrofico possa andare fuori dalla propria capacità gestionale. Non basta avere guide pronte di soccorso e attrezzi in casa, occorre avere controllo ed equilibrio per usarli e prendere corrette decisioni per il da farsi.

Corrette e strategiche decisioni durante tutte le fasi che attraversano i sopravvissuti. Le fasi che gli studi riportano sono 4:

1. Fase eroica: dopo il disorientamento si diventa attivi, ci si organizza in un aiuto reciproco e di grande solidarietà.
2. Luna di miele: c'è come una fusione, non ci sono distanze e differenze, questa fusione libera energia, altruismo, spirito solidale.
3. Disillusione: emergono le differenze, la fusione si spacca, cominciano le tensioni perché gli individui hanno bisogni differenti, comincia la fase delle reazioni depressive e psicosomatiche.
4. Ricostruzione: superando queste fasi si è in grado di ricostruirsi. Se non si superano la ricostruzione non avverrà mai.

Il superamento non viene dagli altri, magari con l'aiuto degli altri, ma viene da un pensiero che si è preparato, che si è armato e agguerrito per affrontare l'incertezza. Questa nuova coscienza ha la possibilità della ripresa, perché è capace di evitare il "secondo disastro", il "secondo terremoto" che è appunto il disastro della mancata ripresa. Edgar Morin, una delle figure più prestigiose della cultura contemporanea auspica per tutti una "riforma del pensiero", un pensiero che dialoga con l'incertezza.

Ci si deve preparare al nostro mondo incerto e aspettarsi l'inatteso. Prepararsi al nostro mondo incerto è il contrario di rassegnarsi a uno scetticismo generalizzato. È sforzarsi di pensare bene, è rendersi capaci di elaborare strategie e fare con tutta coscienza le nostre scommesse. Ognuno, afferma Morin, deve essere pienamente consapevole che la propria vita è un'avventura anche quando la crede in una sicurezza da burocrate, ogni destino umano comporta un'irriducibile incertezza anche nella certezza assoluta che è quella della sua morte, perché ne ignora la data. Ognuno deve essere pienamente consapevole di partecipare all'avventura dell'umanità che è ormai con una velocità accelerata, proiettata verso l'ignoto.

Capitolo 2
IL MASCHIO DA REINVENTARE
quando si è prigionieri di un ruolo.

Creatività e benessere

La natura creativa è di ogni essere umano. E' uno spirito abbagliante che appare a tutti noi in tante forme. Lo si può vedere nello stirare il collo di una camicia, nell'amare qualcuno, nell'inventare una rivoluzione. La creatività è una funzione fondamentale della persona. E' la madre della possibilità, della scoperta, del cambiamento. E in questo momento di grandi cambiamenti storici ancora di più si sente l'urgenza di soluzioni creative. La creatività è l'impulso che spinge il bambino a scoprire il mondo, che gli consente non solo di scoprirlo ogni giorno, ma di ricostruirlo dentro di sé dandogli un senso.

Avere un atteggiamento creativo significa trovare nuove risposte a vecchie domande ad inventare soluzioni che sbloccano situazioni, in ultima analisi è un processo che conduce attraverso la ristrutturazione di elementi preesistenti, alla produzione di qualcosa di nuovo ed originale che genera sorpresa. La dimensione creativa è spesso schiacciata dalla routine, dal dolore, dagli insulti della vita. In assenza di tale dimensione la curiosità cede il posto all'indifferenza ed alla paura .La versatilità si blocca e diventa rigidità; la presenza si svuota e diventa assenza. Non possiamo perdere la nostra creatività. Le insidie sono molte. Cominciamo dalle paure.

L'uomo contemporaneo è particolarmente impaurito. Poi ci sono i complessi personali e ancora le persone che ci circondano, la maggior parte delle quali inquinano i processi delle nostre idee con il risultato di perdere la limpida corrente creativa ed entrare in una crisi psicologica e spirituale. La nostra anima si perde, oggi, nel disordine del mondo e va riorientata.

La crisi è dell'uomo e della donna. Entrambi non riescono a decifrare il mondo. Un mondo che è cambiato pone l'individuo in un inquietante conflitto tra la sua visione del mondo e come il mondo accade. In tutte le scelte, sia lavorative sia sentimentali si subiscono continue frustrazioni, che pian piano, strutturano un nucleo depressivo. La realtà non è più come ce la raccontavano, la nostra mente non ha più referenti.

In questo disorientamento a pagarne le spese probabilmente è più l'uomo che la donna perché nell'arco della storia gli uomini avevano nelle proprie mani il potere, ma le posizioni conquistate nel passato oggi traballano non solo in famiglia, ma soprattutto nel sociale e questo genera molta insicurezza. Per secoli l'uomo si è sviluppato in quel sistema aggressivo della società patriarcale, oggi, la figura paterna non esiste più, il maschio vive una condizione di smarrimento.

Il mito del maschio è caduto. Sradicare il sistema patriarcale è difficile anche se, di fatto, esso è stato seppellito. La mascolinità è tutta da reinventare. Diventa necessario ripartire da una forza primigenia istintuale. Rintracciare l'istinto perduto e cercare di rivivere una vita più autentica.

Non è facile per il maschio conoscere le proprie necessità profonde, l'uomo ha paura del proprio mondo interno, l'uomo è prigioniero del suo ruolo che condiziona ogni cambiamento sostanziale. Ma, il primo passo per stare bene è acquisire la consapevolezza che il cambiamento è necessario, ma è anche possibile. Il maschio deve abbandonare la visione gerarchica del potere, perché il potere oggi è relazionale ed in questo la donna è più forte.

La donna è abituata a più ruoli, addestrata alla subordinazione, l'uomo è abituato ad un ruolo di dominio. I genitori hanno sempre inviato dei segnali nella formazione di identità maschio e femmina, femmina emotiva, maschio non emotivo; nel mondo relazionale predominano le emozioni e l'uomo rimane senza parole.

Non trovano parole per i sentimenti e non riescono ad individuare ed a riconoscere i sentimenti. Per questo egli ha costantemente paura della perdita dell'identità, della potenza sessuale e non riesce ad abbandonare i vecchi schemi. I vecchi schemi disturbano maschi e femmine, producono colpevolizzazioni reciproche che portano a manipolazioni, narcisismo, ma anche a una profonda solitudine. Maschi e femmine sono impegnati a conciliare i vecchi codici tradizionali con i nuovi contesti in cui si vive.

Ma per fare questo bisogna penetrare nel proprio inconscio personale, portare alla luce quei complessi, costellazioni di sentimenti, pensieri, percezioni, che come una sorta di calamita condizionano le esperienze sussurrando frasi mortifere " devi faticare per guadagnarti da vivere !" oppure "se non hai una laurea non potrai mai avere un lavoro di senso"……etc.. Bisogna altresì accedere all'inconscio collettivo dove risiedono gli archetipi. L'archetipo è una forma universale di pensiero che si è costruito nella psiche attraverso esperienze ripetute nel tempo durante molte generazioni. Come un insieme di istruzioni che ammaestra ogni nuova generazione.

Tra gli archetipi Jung individua l'Anima e L'Animus. L'uomo possiede l'archetipo femminile Anima. La donna possiede l'archetipo maschile Animus. Tali archetipi sono il prodotto delle esperienze razziali dell'uomo con la donna e viceversa. L'uomo afferra la natura della donna in virtù della sua Anima. La donna grazie al suo Animus comprende la natura dell'uomo. Oltre quindi ad una ereditarietà di istinti biologici esiste una ereditarietà di esperienza ancestrali. Tali capacità di avere lo stesso genere di esperienze dei propri antenati sono ereditati sotto forma di archetipi.

Nella tradizione archetipica esiste il concetto che, se si prepara uno speciale posto psichico l'Essere, la Forza Creativa, la Fonte dell'anima, lo sentirà, e la forza creativa avanza attraversando tutte le fasi della creazione:

1. Ispirazione
2. Concentrazione
3. Organizzazione
4. Realizzazione

5. Perseveranza

Il contatto con il nostro inconscio personale e collettivo, il contatto con la nostra vita interiore ci fa consapevole e ci consente di ripulire il fiume inquinato dai complessi, dalla cultura che ci svaluta, liberando i processi naturali delle nostre idee. Per ripulire il fiume creativo, per risvegliare la natura creativa della personalità umana ci possiamo far aiutare dai lupi.

I lupi conducono una vita immensamente creativa:

1. ogni giorno i lupi fanno decine di scelte
2. decidono quale direzione prendere
3. valutano le lontananze
4. si concentrano sulla preda
5. calcolano le possibilità
6. colgono le opportunità
7. reagiscono efficacemente per raggiungere i loro obiettivi
8. si attivano per scovare ciò che è nascosto
9. si coalizzano per l'intento
10. si concentrano sui risultati voluti ed agiscono in prima persona per ottenerli.

Queste sono le caratteristiche necessarie per facilitare un percorso creativo. Per creare bisogna sempre reagire. La creatività è la capacità di reagire a tutto ciò che accade intorno a noi di scegliere tra centinaia di possibilità di pensiero, sentimenti, ed azioni e reazioni e riunirle in una espressione, in un messaggio unico ricco di passione e di significato.

Perdere la creatività significa ritrovarsi chiusi in un'unica soluzione costretti a sopprimere o censurare sensazioni e pensieri, costretti a non dire, non agire, non fare, non essere. Se ritroviamo la donna selvaggia o l'uomo selvaggio il fiume creativo non si prosciuga. Siamo noi responsabili dell'inquinamento che consentiamo alla nostra vita ideativa di scorrere. E questo è un processo assolutamente interiore. La paura va superata affrontata, non può essere usata per ripulire il fiume. Per nutrire la vita creativa occorre proteggere il nostro tempo, non permettere a nessun pensiero, uomo, donna, amico, religione, lavoro di spegnere la nostra vita emotiva.

I nostri sensi, il nostro udito vanno accomunati per seguire le indicazioni della Voce – Anima. C'è un tempo della nostra esistenza nel "mezzo del cammino di nostra vita" intorno ai quaranta anni in cui si sente la saturazione: sogni infranti, amori spezzati, matrimoni rovinati, promesse non mantenute. Si è in collera con il mondo. Come liberare una giusta collera? Come trasformare una collera con un fine distruttivo in un fuoco capace di cuocere? Ancora una volta ci vengono in aiuto i lupi. I lupi sono maestri nella difesa del loro territorio.

Quando qualcuno o qualcosa costantemente li minacciano, li mette alle strette allora loro esplodono. Accade di rado, ma hanno questa capacità di esprimere una rabbia neutra che dovrebbe entrare nel nostro repertorio. Quello che accade è grandioso.

Un potere grande da incutere paura e far tremare chi li circonda. E come se dicessero i limiti sono stati raggiunti, non è più possibile valicarli. Le cose devono decisamente cambiare. Dunque, invece di affondare nell'amarezza, l'unica via è il ritorno alla vita istintuale.

Tutti gli anni nascono i lupacchiotti, sono creature che vagiscono, occhi a mandorla, sveglie, generose, che vogliono intimità e conforto vogliono giocare e vogliono crescere.

La donna che ritorna alla vita istintuale e selvaggia, torna alla vita, alla sua forza vitale. La forza vitale femminile anima il principio maschile ed a sua volta il principio maschile anima l'azione nel mondo. Per questo ritorno occorre una purificazione. La purificazione si attua con piccole soste. Da queste piccole soste si guarda alla propria esistenza e si segnano i punti dove sono avvenute le piccole morti, dove parti del proprio SE' della vita di ognuno di noi sono morte. Si consapevolezza, si mette una piccola croce sui luoghi dove si sarebbe dovuto piangere o in cui si deve ancora piangere e si scrive "perdonato" "dimenticato".Ognuno ha la mappa con le proprie croci, in cui ci sono i propri significati, che ognuno si porta dentro che sono ricordati e nel contempo dimenticati.

Occorrono tempo e pazienza per onorare i morti inquieti della nostra psiche lasciandoli finalmente riposare in pace. Questi luoghi di riflessione segnano i tempi bui, ma sono anche note d'amore che trasformano, fanno crescere, danno un senso alla nostra esistenza. La purificazione porta alla rinascita dove si guadagna in intuito in natura, in fuoco, dove sono riconosciute la semina e le radici dove la gentilezza governa i rapporti fra femmine e maschi, dove sentiamo la pelle che ci ricopre, riusciamo a venire allo scoperto lasciando orme profonde.

In questo stato abbiamo appreso le regole dei lupi per la vita che sono: mangiare, riposare, vagabondare, mostrare lealtà, amare i piccoli, accordare le orecchie, fare l'amore, ululare spesso. Recuperato il nostro femminile – maschile selvaggio liberiamo la nostra forza creatrice, evitiamo trappole, sconfiggiamo i predatori, conquistiamo la nostra libertà.

Le nuove frontiere della felicità nel III millennio

Viviamo, oggi, meglio che nel secolo scorso e le possibilità di essere felici sono le più alte nella storia dell'umanità. Tutte le invenzioni, dalla scoperta del fuoco ai più recenti interventi di sofisticata chirurgia rappresentano un'ottimizzazione del benessere; pur non provocando tutte un incremento di momenti felici, esse riducono sicuramente le frustrazioni. Ogni invenzione ci alleggerisce dalle antiche ansie quotidiane, permettendoci di avere più tempo per riflettere, di prendere in mano le redini del nostro destino.

Per millenni l'umanità ha curato solo due bisogni da soddisfare per garantirsi la sopravvivenza e riprodursi secondo l'ordine dell'evoluzione: trovare cibo e reperire un partner. Il resto del cervello era impegnato a gestire la paura e ad escogitare le vie di fuga per continuare a vivere semplicemente e niente più. La felicità era un concetto a breve termine; avere un rifugio per dormire, lo stomaco pieno e la possibilità di fare sesso principalmente allo scopo di procreare. Oppure diventava una promessa a lungo termine dell'eternità dopo la morte "se ti comporti bene andrai in paradiso o raggiungerai il nirvana". Questa l'esortazione degli dei di turno. Queste regole non più valide ed archiviate nella storia e nella memoria collettiva, hanno fatto in modo che scomparisse lo schema portante di obbedienza e di tutte quelle strutture di potere accettate come "naturali" sul rapporto tra genitori e figli, uomo e donna, cittadini e Stato, capo e subalterni, uomini e destino o Dio.

Tutto questo nella moderna epoca può far paura, in quanto nuove libertà anche se rendono la vita più facile e vivibile, ci costringono a decisioni molto più personali, ad assunzioni di nuove responsabilità a riflessioni più complesse e mature generando, di conseguenza, forti ansie, timori di insuccessi. Ma è semplicemente l'indice che tutto cambia e che, di conseguenza siamo chiamati ad inventare nuove regole che ci aiutino a gestire la nostra vita ed ad affrontare le nuove sfide e le diverse convivenze soprattutto in una società multietnica come quella odierna.

Dagli albori del 900 fino agli anni più recenti la Psicologia, come la Psichiatria, si sono focalizzate prevalentemente su tutto ciò che comprendeva stati emotivi e processi cognitivi negativi ed i fattori ambientali che possono compromettere il buon funzionamento psicologico dell'individuo ovvero su tutto ciò che riguarda la psicopatologia.

La nuova frontiera che si tenta attualmente di raggiungere è lo spostamento dell'attenzione alla psicologia positiva che è il trend più caldo del settore. Si basa fondamentalmente sullo studio scientifico di cosa rende le persone felici e buone. Sono temi ancora poco indagati quale la creatività, la spiritualità, la perseveranza, il talento, la saggezza, la capacità d'amare e di dedizione e tutti gli stati psicologici ed esperienze di vita che promuovono il benessere psicologico e la felicità.

A capo del movimento della Psicologia Positiva c'è la figura carismatica di Martin Seligman, primo presidente dell' American Psychological Association (APA) che nel suo libro " Felicità Autentica", sostiene che gli uomini più allegri guariscono prima di quelli tristi, che la gioia e il sorriso, cioè l'ottimizzazione della felicità, riesce a curare malati ritenuti inguaribili, dimostra che la felicità accresce le difese immunitarie contro agenti patogeni, essa è una condizione molto salutare per il fisico e per la psiche, per il singolo e per la società ed è raggiungibile attraverso il training e non per caso. Egli è convinto che la felicità sia una caccia, un inseguimento dei propri obiettivi e non una benedizione automatica e gratuita: non arriva facilmente e senza lottare.

Per la psicologia positiva la riflessione sulla felicità parte da:

Felicità con se stessi. 2500 anni fa Socrate si rivolgeva all'uomo con la frase "conosci te stesso". Un uomo che, almeno in occidente, ha cercato sempre fuori di sé il proprio equilibrio e la propria realizzazione e che, per questo, nel nostro tempo, vive una profonda crisi. Da qui il bisogno di esplorare se stessi di comprendere i principi che riguardano l'esistenza. Solo dopo aver acquisito una nuova coscienza delle cose del mondo, solo dopo aver gettato delle salde basi dentro di noi potremmo rivolgersi all'esterno.

Ciò che ci impone di fermarci e di riflettere, di ampliare gli orizzonti della nostra conoscenza è, in fondo, un'esigenza di consapevolezza. Cogliere il nostro io interiore è difficile. Quello che siamo veramente, continuamente si sovrappone a ciò che vorremmo essere, a come desideriamo apparire agli altri, a ciò che gli altri vedono in noi e che vorrebbero vedere in noi. Per questo, conoscere se stessi, pur essendo un bisogno fondamentale, risulta tanto difficile.

Emozioni e sentimenti sono essenziali alla nostra vita, ma devono essere filtrati dalla consapevolezza. Le nostre emozioni, come le nostre opinioni, sono soggettive ma non dobbiamo esserne prigionieri. Quando le idee non corrispondono alla realtà o quando non portano a una maggiore felicità, bisogna rimetterle in discussione, liberandosi dalle illusioni, dagli inganni che fanno da schermo tra noi e il mondo per poter approdare al vero, al reale. Le emozioni si nutrono di pensieri e ci invadono senza tregua: come trattarle? Come uscire dal cerchio e ritrovare la pace interiore? Principalmente accettandone la presenza: non siamo perfetti e nessuno ci chiede di esserlo. Le emozioni ci sommergono senza preavviso e senza la nostra volontà. Non ce ne liberiamo cercando di sopprimerle. Quelle che seppelliamo nel profondo riaffiorano alla prima occasione. La soluzione non consiste nemmeno nell'esprimerle in tutta la loro violenza. Io amo la mia emozione, ne riconosco la presenza, respiro e cerco di trasformare l'energia in qualcosa di positivo. Più la respingo e più si radica.

Combattere con se stessi non serve, meglio trattarsi con dolcezza come un bambino che a volte fa i capricci. Non abbiamo colpa delle nostre emozioni, ma ne abbiamo la responsabilità, possiamo evitare che persistano e possiamo evitare di compiacercene.

L'istante successivo è diverso, possiamo viverlo diversamente. Chiediamoci: " cosa mi dice, cosa mi suggerisce la mia emozione?". L'emozione è un esilio la pace ci riporta in noi stessi.

Conoscere se stessi vuol dire conoscere i propri bisogni. L'essere umano per essere felice deve saper soddisfare un numero invariato di bisogni. Sono bisogni essenziali e quindi comuni a tutto il genere umano, ma vengono percepiti con diversa intensità e non sempre sono riconosciuti e quindi vissuti a pieno. A volte non vengono affatto vissuti, bensì rimossi relegati nell'oblio delle nostre coscienze (o forse è il caso di dire delle nostre incoscienze).

Non abbiamo un'adeguata consapevolezza dei nostri bisogni perché spesso non siamo spontanei ed autentici. Siamo più o meno condizionati da fattori socioculturali ed ambientali. È fondamentale riconoscere i nostri bisogni, attribuirgli un nome, un luogo, e prenderli in tutta la loro naturale umanità, preoccupandoci ovvero occupandoci di loro e soddisfarli in modo sano ed equilibrato e quindi responsabile.

Il pensiero occidentale negli ultimi secoli ha dimenticato l'ormai famoso motto degli antichi: "Mens sana in corpore sano". Il corpo è un bene prezioso che va assecondato nelle sue richieste, bisogni, desideri. Dovremmo imparare a familiarizzare con il nostro corpo, a leggerne i segnali prima deboli e discreti, e poi, se trascurati, veri e propri sintomi che sfociano in svariate patologie e psicopatologie. Il corpo è uno strumento indispensabile alla realizzazione spirituale e quindi è necessario percepire lo stretto legame che lo unisce alla dimensione psichica in quanto lo squilibrio di una delle parti inevitabilmente si riverserà ed avrà una conseguenza sull'altra.

La psicosomatica considera la stretta connessione tra spirito e materia connettendole in un'unità fondamentale. Il corpo è il portavoce del nostro essere ascoltare la dimensione corporea significa ampliare la nostra conoscenza. Abbiamo un solo corpo, bello o brutto, esile o robusto, col quale fare i conti. Non lasciamo che gli altri ne decidano se non siamo d'accordo. Solo noi possiamo decidere chi può toccarci e a chi affidarlo. Il rispetto del proprio corpo significa anche fare attività fisica, conoscere i propri limiti, non mangiare qualsiasi cosa in qualsiasi momento, dare al corpo ciò di cui ha bisogno: esercizio, riposo, benessere. Possiamo avere molti vestiti ma possediamo un solo abito: il nostro corpo.

Le ricerche ci dicono che la felicità aumenta in condizioni di libertà e quando si ha un credo religioso. Diminuisce se ci sono problemi di salute e servizi sanitari carenti, se non c'è lavoro. Il lavoro è indispensabile alla nostra felicità. È certamente una potente forma di autorealizzazione. Per essere felici inoltre contano sempre più le relazioni sociali. Si tocca qui un punto fondamentale: non è la quantità di cose che uno ha a renderci felici, ma la possibilità di condividerle. La felicità si definisce nel rapporto con gli altri. È armonia tra le cose, è un sentimento di accordo con il mondo.

Felicità con gli altri.

Nella nostra società, in cui tutti comunichiamo ed ognuno si sente solo, non è male chiedersi come fare ad incontrare l'altro. Come parlarsi, come capirsi? Nell'era dominata dalle tecnologie e dai mass media tutti hanno la parola "comunicazione" in bocca, i giovani la studiano, si lavoro in scuole di comunicazione, si naviga su internet, il telefono e le e-mail sostituiscono le lettere. Per dire che cosa e come? Mistero.

Alcune parole continuano a uccidere, altre scompaiono come acqua sulla sabbia. L'altro è sempre una parte ignota. Sarà sempre un mistero, provare a capire l'altro vuol dire prestare maggiore attenzione a ciò che ci circonda. Se cambiamo sguardo possiamo andare oltre le apparenze. Non basta fermarsi alla pelle, bisogna correre il rischio di incontrare l'altro nella sua profondità e complessità. Guardarlo negli occhi e fare di sé il silenzio. Più la nostra presenza diventa discreta meno ci lasciamo invadere dai nostri pensieri e dalle nostre opinioni e più siamo capaci di lasciare all'altro lo spazio sufficiente per esprimersi, per essere se stessi. Nonostante tutto la nostra apertura alla novità dell'altro è molto limitata. Nessuno capisce totalmente l'altro, il che invita alla modestia e spiega perché comunicare sia così difficile. Come riuscire a comunicare allora? Fondamentalmente in due modi: il primo è sentirci responsabili di quello che diciamo, il secondo è imparare la lingua dell'altro. Le parole non hanno lo stesso significato per tutti, il senso delle parole che pronunciamo non è quello che descriviamo, ma quello della nostra storia, dei nostri timori, delle nostre aspettative.

Ogni vita, ogni storia meriterebbe il suo romanzo.

Crediamo di essere chiari eppure il messaggio non passa. Essere chiari significa tentare di dire veramente e semplicemente quello che pensiamo senza voler ingannare o manipolare. Per avere gli scambi occorre andare verso gli altri e non solo aspettare che lo facciano loro. Andare incontro e lasciarsi avvicinare sono alla base di ogni relazione.

Una relazione foriera di felicità è l'amicizia, ma la nostra società ci ha abituato ad un uso inflazionato del termine. La parola "amico" viene impropriamente usata per indicare colleghi di lavoro, conoscenti o persone con le quali si sta bene e si percorrono tratti più o meno lunghi dell'esistenza. L'amicizia arriva dal profondo e richiede sacrifici, lealtà e una totale disponibilità. Pertanto è molto rara. Essa passa attraverso la vivacità, la discussione, il confronto di idee e nel momento del bisogno, la sola presenza, non necessariamente un suo intervento, ci aiuta. La presenza di qualcuno che pensa a noi, che ci vuole bene e su cui possiamo contare. L'amore è una delle felicità più grandi. Quando si ama e si è amati ci si sente potenti, generosi, pieni di slancio, aperti: sembra di irradiare amore tutt'intorno. Amanti o sposi, se sono anche compagni ed amici nel condividere e nel costruire una calorosa intimità, creano sempre gioia di cui non ci si stanca mai.

Felicità cosmica.

Ogni essere umano, consciamente o inconsciamente, cerca di dare un senso alla propria vita. Ha bisogno di una ragione di essere ed ogni giorno cerca di trovarla attraverso tutto ciò che gli si presenta nella vita familiare e sociale. In realtà nessun successo, nessun possesso familiare ci può dare il senso della vita, proprio perché si tratta di un "senso" ed il senso non è una cosa materiale: lo si può trovare solo molto in alto, nei piani sottili del nostro "edificio psichico". Il senso va al di là del contenuto e della forma delle cose e quando lo si è raggiunto, si possiede la sicurezza.

Come quando, leggendo un libro, guardando un quadro, ascoltando musica, si sente improvvisamente di toccare una verità capace di trasformare la nostra visione delle cose, di rivalorizzare un pensiero, una certezza. Non si trova il senso della vita né nella famiglia né nella professione, o tantomeno nell'arte e nei viaggi, tutti questi elementi potranno costituire nessi per avvicinarsi a quel senso ma non lo conterranno mai. Lo dimostra il fatto che la famiglia, il lavoro, l'arte non hanno mai impedito ad un essere umano di suicidarsi.

Nel proprio percorso individuale occorre "approfittare" di tutto ciò che accade per metterlo al servizio di un lavoro spirituale: in ogni esperienza, ogni difficoltà, gioia, scoramento, ogni occasione. Ecco qual è il vero significato della parola costruire, valorizzare tutti gli elementi che la vita ogni giorno ci propone.

Trovare il senso della vita significa scoprire degli elementi che appartengono a un'altra sfera, "il transpersonale". Il senso della vita è la ricompensa ad un lavoro interiore paziente ed incessante che l'uomo intraprende su se stesso. Una volta trovato il senso della vita, tutto si colora di tinte più soft e le preoccupazioni, le tensioni della vita quotidiana perdono la loro importanza. Tutti coloro che passano il tempo lamentandosi di non avere soldi, di non riuscire a raggiungere il successo sperato, di essere stati abbandonati o traditi, dimostrano semplicemente di non aver ancora trovato il senso della vita. Se poi a rappresentare quel senso sono il danaro, l'ambizione, il possesso di quell'uomo o quella donna, allora non verranno risparmiate le occasioni per sentirsi delusi ed infelici.

Trovare il senso della vita vuol dire raggiungere uno stato di coscienza talmente elevato da abbracciare l'universo intero, al punto che tutte le piccole cose dell'esistenza vi si perdono e dissolvono. "Allora sentite in voi qualcosa che si sprigiona, che trabocca... e anche senza chiedere nulla, avete la sensazione di aver già ottenuto tutto". Per la cultura religiosa la felicità appartiene all'aldilà, non è di questo mondo, la collocazione è trascendente, la vita consiste nel sopportare il dolore senza cedere alla disperazione. Per la filosofia, al contrario, essa rientra in un orizzonte umano e terreno diventando quasi un compito di ogni cittadino. Per lo scrittore Stevenson la felicità è una sorta di dovere morale ma, come diceva Goethe, "non tutti sono attrezzati ad essere felici".

Per la Psicologia Positiva, la felicità è uno stato mentale non una serie di circostanze. È una sensazione di serenità che siamo in grado di provare sempre, non è qualcosa da cercare lontano. La felicità è quel sentimento naturale che esprime il nostro sano ed innato funzionamento psicologico: conoscendolo o imparando a conoscerlo si accede a quel luogo interiore in cui risiede la serenità. Non dobbiamo quindi cercare di essere felici ma semplicemente esserlo. La felicità è adesso. È innata. Si presenta quando la mente si riposa, quando l'attenzione non è più concentrata in problemi e preoccupazioni, quando può rilassarsi e sostare proprio qui nel presente, prima di riprendere a pensare in "un vuoto fertile" come diceva Pearls.

La felicità permette di interpretare le informazioni in un modo nuovo e creativo, di prendere con tempestività decisioni razionali e produttive, permette di godere dei flussi e riflussi della vita invece di combatterli e favorisce l'acquisizione della saggezza e del buonsenso. La felicità quindi come sentimento non come risultato. Rendendoci consapevoli di questo possiamo contribuire a farla crescere e perdurare quando la proviamo. In realtà si tratta di "liberarsi" dall'infelicità piuttosto che lottare per la felicità. La felicità è dentro di noi, è la strada, è l'unica risposta di cui abbiamo bisogno per vedere con occhi nuovi e con apprezzamento le cose semplici e quindi meravigliose che sovente diamo per scontate, bambini che giocano, respirare e sentirsi bene, la lettura di un buon libro. Quando la felicità è fine siamo in grado di sentirla a prescindere dalla situazione in cui ci troviamo. Quindi felicità come "sfondo possibile dell'esistenza, come esperienza, come vento che ci possiede" sfugge per sua natura ad ogni definizione, coincide totalmente con il vissuto.

La felicità è adesso. La vita non è una prova generale per un appuntamento successivo, è qui e ora. L'invisibile attimo eterno che tutti abbiamo cercato è proprio qui in questo momento... Così devi semplicemente essere te stesso, camminare, correre se lo desideri. Sulla tua vita il sole sorgerà da solo nel cielo, le stelle brilleranno nella notte. E presto scoprirai come è facile, naturale, piacevole divenire il sole e le stelle per una o più altre persone.

Capitolo 3
QUANDO SI DIVENTA VERAMENTE VECCHI?
I CAMBIAMENTI FISICI COME TRASFORMAZIONI

Strategie per un invecchiamento positivo

Con il termine invecchiamento si intende quel processo attraverso il quale l'individuo, modificandosi nel tempo, diminuisce qualitativamente le proprie strutture e perde progressivamente le proprie funzioni, in antitesi ad accrescimento che s'intende il processo attraverso il quale l'individuo aumenta quantitativamente le proprie strutture e funzioni e le differenzia qualitativamente.

I dati acquisiti negli ultimi anni documentano la necessità di rivedere il modo di intendere accrescimento ed invecchiamento. Le nuove teorie rilevano come l'accrescimento comporti non solo aumenti quantitativi e differenziazioni qualitative, ma anche arresti, diminuzione e decadimento di strutture e funzioni. Si rileva inoltre, come la senescenza implichi non soltanto diminuzioni di certe strutture ma anche conservazione di altre e perfezionamento di altre ancora.

Si può dunque affermare che nell'accrescimento prevale la progressione ma è presente la regressione, nell'invecchiamento prevale la regressione ma è anche presente la progressione. Nell'accrescimento ci sono leggi generali, l'invecchiamento umano invece non può essere generalizzato per tutti gli individui. Esso si svolge con modi, ritmi, conseguenze, estremamente variabili da individuo ad individuo in relazione alla storia di ognuno, alle condizioni contingenti di ognuno, nonché da come si è sviluppata e manifestata la nostra predisposizione genetica, positiva o negativa, durante il corso della vita.

Non è facile determinare esattamente quando inizia la vecchiaia. Tradizionalmente gli studiosi usano l'età di 60/65 anni, oggi c'è una tendenza verso la posticipazione. I 60/65 anni costituiscono comunque un limite biologicamente arbitrario se si riferisce alla continuità del fenomeno evolutivo e alla variabilità umana. Essi rappresentano il livello statisticamente probabile per il manifestarsi di un forzato mutamento nelle abitudini di vita dell'uomo e per il crearsi delle condizioni che faciliterebbero l'insorgenza del disadattamento sotto il triplice aspetto individuale, familiare e sociale. Vero è che gli individui dopo i 65/70 devono affrontare molti cambiamenti, sia quelli che avvengono all'interno, sia quelli che avvengono all'esterno. Come in ogni periodo precedente del ciclo vitale, questi cambiamenti richiedono un adattamento che a volte si dimostra facile a volte difficile. Tra i cambiamenti fisici si assiste al peggioramento delle capacità uditive e visive, diminuisce la forza muscolare, i tempi di reazione e l'aspetto esterno continua man mano a modificarsi.

Per quanto riguarda le capacità cognitive, si tende a credere che queste decadano con l'età, ma oggi si sa che tale declino è dovuto ad altri fattori; la causa primaria è dovuta alla cattiva salute non all'età. I processi cognitivi fanno riferimento alla distinzione tra intelligenza fluida ed intelligenza cristallizzata. Quest'ultima è l'accumulazione di fatti e conoscenze.

Questo tipo d'intelligenza cresce con l'età, per contro l'intelligenza fluida è la capacità di elaborare nuove informazioni. Anche qui ci si è ricreduto perché le ricerche affermano che le persone anziane sane non diminuiscono la capacità d'apprendimento. Esperimenti dimostrano che la perdita di capacità attentiva, di memoria cognitiva in genere è più fondata sull'apatia e la noia intellettuale che sui processi di deterioramento biologico.

In età avanzata la stimolazione svolge un ruolo fondamentale per la conservazione delle capacità mentali. Decadono le funzioni scarsamente esercitate, persistono e migliorano quelle esercitate. Ci sono teorie che considerano l'invecchiamento come quel processo di *disimpegno progressivo* da ogni forma di attività e di relazione interpersonale, come un ritiro affettivo dalle condizioni significative per l'esistenza umana, e quindi un'incapacità di rispondere alle esigenze sempre più rapidamente rinnovate di un mondo in continua trasformazione. Altre teorie in contrapposizione pongono l'accento sulle "attività", per cui l'invecchiamento fisiologico comporterebbe da parte dell'individuo un buon livello di attività nelle funzioni da esse esercitate ed in altre che si sono venute ad esse sostituendo. Le persone che esercitano attività realizzerebbero un invecchiamento con successo creando così le premesse per mantenere anche in età avanzata un sentimento di felicità.

Da queste premesse teoriche cerchiamo di formulare delle riflessioni affinché questo tempo difficile ma affascinante, che vede sempre più persone che raggiungono un'età avanzata, possa realizzarsi nella libertà e nella dignità. Libertà e dignità sono le parole chiavi che permettono la gioia nella vita di chi ha molto vissuto. Definitivo abbandono, dunque, della frase *senectus ipsa morbus*.

Quando la vecchiaia è naturale si svolge secondo la linea naturale che le è propria, il vecchio si deve considerare sano. La vecchiaia si svolge in un continuo succedersi di nuovi equilibri biologici ed umani. La natura è in continua evoluzione, non fa salti.

Anche in età avanzata si può vivere bene impegnandosi a mettere al primo posto la salute, costruendo con impegno uno stile di vita che comprende:

1. Attività fisica
2. Forti capacità di relazioni sociali
3. Dieta equilibrata, al fine di conservare gambe e cervello fino a tarda età.

La costruzione di soddisfacenti spazi di libertà cambia la qualità del tempo vissuto ad ogni età. Spesso persone vicino a noi ci vogliono chiudere l'angolo. Nella vita possiamo incontrare persone che ci facilitano la crescita a qualsiasi età e in qualsiasi condizione, ma anche persone che tendono a ridurre gli spazi vitali. Questo accade in campo lavorativo, familiare e nella società in genere. Pertanto ancora di più a quest'età guardare in faccia la realtà e lottare tutti i giorni per impedire la sopraffazione magari approfittando di inevitabili presenze di momenti di debolezza. Non si è mai troppo vecchi per difendere con determinazione libertà e dignità. Quando il presente si fa grigio arriva la depressione a farci compagnia. Si perde la memoria del passato e il futuro è senza speranza.

La tristezza e la depressione sono malattie che vanno curate, sconfitte, mai trascurate; è un errore quello di accettarle come naturali e necessarie compagne della vita, perché la depressione rovina e accorcia la vita.

La solitudine è la maggior nemica dell'anziano. Dobbiamo contrastarla con le armi dell'apertura, dell'attenzione, del dialogo ed anche solo dell'ascolto. È vero che la famiglia è cambiata ed è proprio lì che non si possono esprimere gioie e dolori, ma anche se spesso è difficile ricostruire una famiglia comunque è possibile donare serenità, ascoltare la persona che sentiamo importante, con la quale ci troviamo a compiere anche solo un breve tratto di vita. Chi si spende in atti di generosità non consuma un capitale che finisce ma lo ricostruisce continuamente creando un circolo virtuoso che è la vita stessa.

Io sono quello che ho donato: ciò è tanto vero in età avanzata quando le tentazioni di chiusura sono frequenti ed impediscono di guardare al mondo con un occhio sereno. A questo proposito cerchiamo di osservare il palcoscenico degli over 60.

Il tempo delle crisi esistenziali giovanili, delle responsabilità della vita adulta e il desiderio di affermazione della fase matura sono lì nello sfondo. Il paesaggio interiore vira su tonalità più sfumate. Si sente la necessità di cambiare ritmo di vita meno sincopato, più dolce, rilassato. Non si ha più voglia di correre, di guardare sempre l'orologio; si ha solo il desiderio di assaporare il tempo. Le ore sono più lente nello scorrere, ma più intense sul piano emotivo. Si ridisegna il presente in nuova prospettiva futura, in un tempo che va goduto appieno in considerazione del fatto che ci si sta incamminando verso l'ultima stagione. Ma è proprio questa tranche finale della vita che ci può riservare meravigliose sorprese. L'epilogo della vita diventa uno stimolo rivitalizzante per poter portare avanti determinati progetti.

Il segreto della longevità sta nell'azione, attività forse un tempo sognate, che fanno gioire il corpo, schiariscono la mente e rallegrano lo spirito. La quotidianità assume un sapore diverso, ogni momento scelto è importante e va vissuto intensamente: lo stare insieme con un figlio o nipote, il colloquio con un'amica, la visione di un film, l'emozione di un nuovo incontro, la gioia d'indossare un abito nuovo. Gli over 60 hanno maturato una sensibilità più raffinata che permette di cogliere ogni dettaglio di quello che la vita può offrire.

In questi panorami quali sono gli elementi che arricchiscono la scena?

L'amicizia

L'amicizia è una risorsa preziosa per gli anziani, non cambia con la terza età. Resta sempre uguale. Come dice Alberoni " è un sentimento morale, essa è fondata su prove reali che consentono di aver fiducia ".

Nella vita dell'anziano incombe comunque l'ombra di una riduzione lenta e costante degli amici che si perdono per strada, piano piano se ne vanno via e si rimane soli. Pertanto è importante incrementare sempre le amicizie anche con i giovani e questo è possibile se si supera il pregiudizio di cui si nutrono giovani ed anziani, che presentano la vecchiaia come l'età dell'impotenza e la giovinezza quella dell'ignoranza.

In ogni caso il contesto umano dove si vive e si lavora è determinante per la salute. La comunità può essere promotrice di benessere ma anche causa di stress, spesso fonte d'ostilità. Bisogna affinare l'occhio nella ricerca di persone che ci sostengono e condividano i nostri valori positivi.

Amore

In questa fase, stagione matura della vita, dove possono coltivarsi interessi selettivi per una maggiore disponibilità di tempo e libertà, c'è posto anche per l'amore.

L'amore è senza età. Ed anche il sesso è senza età. Nella nostra società uomini e donne con i capelli bianchi vivono le emozioni, i desideri sessuali, le passioni con la stessa intensità dei giovani.

L'amore è un'alba emozionale capace di arricchire le nostre personalità e di riequilibrare i nostri sentimenti.

A qualunque età.

Bellezza

La bellezza è un dono di Dio, diceva Aristotele.

Ma la bellezza è qualcosa di più profondo che intacca la vista, l'anima, il pensiero. Anche se la società è sempre più radicata al desiderio di apparire giovani e belli, si sta, altresì sviluppando un nuovo concetto estetico, quello di stare bene con se stessi, sentirsi vitali, dinamici, sviluppare l'immaginazione. Questo non esclude l'uso della cosmesi che aiuta a cancellare i segni del tempo per rendere armoniche le forme, per dare radiosità al volto, ma importante è non stravolgere lineamenti e figura. Non c'è niente di male nel volere un aspetto giovanile. Ma la vera ricerca della bellezza nasce da un'educazione profonda.

Solo la conoscenza, la disciplina mentale ed interiore possono regolare l'equilibrio necessario per la cura della propria immagine. L'elisir di lunga vita e d'eterna giovinezza non esiste. Niente e nessuno possono restituire quello che il tempo ci porta via. La bellezza non è solo estetica, purezza delle forme, armonie nei lineamenti, può avere un significato più ampio e più profondo avvolge anche l'anima e i suoi vissuti. Questa bellezza aiuta a migliorare la propria vita, a riscoprire il senso del proprio valore e guadagnare autostima.

Cultura

La cultura influenza in modo significativo e positivo la terza età. Pietro Ottone nel suo libro " Elogio alla III età" afferma di aver scoperto che la vecchiaia è una bella stagione dell'essere umano. L'importante è coscientizzare che la persona anziana ha compiuto la sua esistenza e quindi deve considerare la vita come uno spettacolo a cui assistere. La recita è finita si tratta solo di riguardarsela in modo sereno. Con questa consapevolezza si coltivano le proprie passioni, ci si dedica alle attività ludiche si può fare qualsiasi cosa, e perché no imparare il cinese!

La terza età è un approdo individuale, quando ci si sente di dover tirare i remi in barca. Ci si libera da ogni angoscia e si accetta il mondo così com'è senza smanie di cambiarlo. E quando si guarda indietro la serenità arriva lo stesso, anche se la vita è stata seguita da fallimenti e difficoltà. L'equilibrio sano passa attraverso un bicchiere di vino e una vita di relazione, ma, egli sottolinea, dalla quale non ci si aspetta niente in cambio.

E questo è vero soprattutto nell'ambito della famiglia. Ciascuno vada in azione seguendo ciò che gli è congeniale non importa se manuale o d'intelletto. Ma ciò che sceglie di fare deve avere il requisito essenziale dell'impegno, deve impegnare in modo serio le capacità senza negarle. E non dimentichiamo un libro. Leggere un libro è una vera e propria ginnastica mentale che aiuta a conservare una buona memoria e a tenere lontano le demenze senili. Scrivere un diario, scoprire la poesia concentrarsi in qualsiasi gioco sono tutte attività che influenzano positivamente l'umore, stimolano la concentrazione, aumentano il tempo d'attenzione, le capacità di ragionamento e... soprattutto combattono la solitudine.

Alimentazione

L'alimentazione è uno dei fattori più importanti del benessere. Il cibo è anche memoria, l'approccio a questo o a quel prodotto può rappresentare un tuffo nel passato e dare grandi emozioni. Non è questa la sede per elencare cibi giusti e le loro quantità.

Non ci sono per me regole ferree, ma è importante, per le pantere grigie, controllare il peso corporeo che non deve superare certi limiti. Mi piace ricordare qualche detto popolare.

" Una mela al giorno toglie il medico di torno".

" Vino buono fa buon sangue ".

" La malva tutti i mali calma ".

Il movimento

L'esercizio fisico nelle persone anziane è così importante che se non si ha un interesse bisogna inventarselo. Il movimento è basilare perché mantiene oliato tutto: dal cervello ad ogni muscolo del corpo. Il movimento riduce il rischio di tutte le demenze senili. Il movimento favorisce l'ossigenazione del cervello mantenendo in buona salute vene ed arterie ossigenando così anche la mente. Tra gli esercizi, la danza è fantastica, libera le endorfine, gli ormoni naturali della felicità e ci si sente molto meglio. In ogni caso è importante non stare fermi.

Il viaggio

I saggi dell'800 sostenevano che " un viaggio vale più di un buon libro ". Il viaggio diverte, il viaggio arricchisce. A ciascuno il suo viaggio. In vecchiaia si ha meno voglia di affrontare lunghi percorsi, traversate transoceaniche. Allora si riscopre l'Italia, un paese dove la sapienza artistica ha modellato il paesaggio e l'ambiente e li ha resi preziosamente veri in ogni anfratto, valle, isolato, città murata. Ogni itinerario può suggerire una straordinaria suggestione evocativa e nelle città attese e sognate un'occasione di conoscenza di sé.

La musica

L'utilizzo della musica ha una lunga storia terapeutica. I ricercatori degli ultimi dieci anni hanno dimostrato che una musica lenta e rilassante giova alla salute, al contrario di ritmi rapidi e stimolanti. La musica classica non solo migliora le funzioni cognitive, quali la memoria, la concentrazione, la capacità di ragionamento, ma rafforza il sistema immunitario, abbassa la pressione sanguinea, rilassa i muscoli. I musicisti classici, specie i direttori d'orchestra sono gli artisti più longevi.

E .... per finire...

Realizzarsi nella vita è un desiderio umano, universale a qualunque età e la conquista di una vita realizzata è il nostro lascito personale alle generazioni che seguono.

Sesso, amore e sentimento della vita

La sessualità è, oggi, al centro del dibattito scientifico. Biologi, psicologi, filosofi, sono impegnati in ricerche e studi sulla sessualità, non tanto per l'importanza che essa ha sempre avuto per l'uomo, ma quanto per il cumulo dei problemi che oggi essa suscita, in un momento storico in cui si vive una radicale trasformazione del costume individuale e sociale, che ha vistose ripercussioni sulla vita familiare, economica, politica e religiosa.

Da più di mezzo secolo si parla di "rivoluzione sessuale"e si cerca di ridefinire il ruolo della sessualità in una società. In questa rivoluzione determinate è stato Freud con il suo libro "Disagio della cultura" dove specificava un Super-Io, una coscienza morale, che incatenava gli impulsi e generava nevrosi a sfondo sessuale.

Si è, pertanto, avviato un processo di liberalizzazione della sessualità che ha incoraggiato la gente a disfarsi di quella cintura di castità imposta alla vita impulsiva da una morale rigorosa e puritana. Da qui si è passati ad una massiccia sessualizzazione della vita pubblica con esaltazione del sesso quale facile strumento di piacere. Per la ricerca del piacere è stato spinto un apprendimento tecnico, che ha incentivato la produzione di pubblicazioni intese ad insegnare "come si fa", nella vana illusione che sia sufficiente l'informazione per produrre una fruizione prolungata ed esistenzialmente significativa della sessualità.

Mi sembra opportuno, a questo punto, denunciare il travisamento operato nei riguardi della sessualità e proporne una reinterpretazione. La sessualità umana non è una sessualità qualsiasi, paragonabile a quella animale, né è un dato puramente biologico, né un aspetto isolabile della personalità. Scinderla dalla totalità della persona vuol dire tradirne la sua natura più profonda.

Lo sviluppo di una personalità ha come risultato la sintesi armonica di capacità razionali e capacità emotive che solo a livello più alto, quello dello spirito, esprime l sua autentica intenzionalità anche per quanto concerne la sfera sessuale. Liberare la sessualità non vuol dire automatizzarla, staccandola dalla totalità della persona; significa, piuttosto, inserirla nella totalità della persona con i suoi fini, i suoi valori, la sua libertà e responsabilità.

In questo tormentoso periodo di transizione storica, caratterizzato da processi di massa, dove si mercifica tutto, l'uomo viene spersonalizzato, egli non trova facilmente la sua autentica identità, per la quale è riconosciuto ed amato come unico. Si verifica una vera e propria regressione dell'uomo. La mancata sperimentazione dell'individuo come persona, assieme ad una disinibizione, più o meno indotta culturalmente ed insufficientemente guidata, crea situazioni di confusione interiore, che può sfociare in sentimenti di insignificanza e di angoscia. Ed una zona in cui l'angoscia si manifesta maggiormente è proprio nella sessualità e nella scelta del partner.

Da qui i comportamenti più svariati in una condizione di disorientamento globale. Adolescenti ancora incerti sulla propria identità, personalità ancora legate a bisogni simbiotici, si incontrano per la prima volta, magari in discoteca, e provando sensazioni, non sentimenti, si uniscono, credendo di ottenere dalla relazione fisica quelle rassicurazioni e quelle compensazioni che sono ottenibili solo attraverso un lento e regolare processo di crescita che investa tutta la persona.

Giovanissime fanno coppia con uomini adulti, con i quali non hanno niente da condividere come persone, molto convinte di diventare significative, perché capaci di indurre una relazione sessuale. Il sesso viene così usato al servizio della sicurezza: è il modo più rapido per superare il senso di insignificanza e di apatia. È utilizzato per riempire vuoti.

Il sesso è sempre una cosa alla quale si può ricorrere quando non si sa di che parlare. Quest'uso improprio procura gratificazioni immediate, ma superficiali; soddisfa personalità cresciute nella cultura dell'immediato o addirittura dell'effimero, nel permissivismo del bene facilmente accessibile. Ma una cultura che fa della società "una grande madre gratificante", priva di stimoli alla crescita, crea le condizioni dell'infelicità sessuale a distanza, crea esperienze frammentarie che fanno rapidamente ricadere nella frustrazione le attese, che l'illusione della malintesa liberalizzazione ha suscitato.

Non si può negare un principio dell'esistenza umana. La natura ci ha dato un organismo maschio ed un organismo femmina, come base, come sigillo della vocazione umana all'amore. L'uomo è scisso, da cui la parola sesso, perché maschio e femmina possano incontrarsi a livello biologico e psichico per l'esperienza più significativa della vita; ma quest'esperienza non ci viene regalata, richiede un lungo percorso che ha come fine l'autonomia e la realizzazione della persona. È solo attraverso una spinta alla crescita, alla ricostruzione della dignità della persona come processo evolutivo, che si può, oggi, restituire dignità al sesso e finalmente sperimentare la possibilità di mediazione metafisica.

Affinché ciò avvenga occorre che la femmina sia completamente femmina e il maschio completamente maschio; che la femmina abbia incontrato il maschio fino in fondo e che il maschio abbia incontrato la femmina fino in fondo: bisogna cioè far passare la persona attraverso la maturità della propria sensorialità e la testimonianza di scelte progressive di arricchimento. Allora si può intendere il profondo significato dell'erotismo: in questo darsi erotico troviamo quel punto in cui non si è né maschio né femmina, ma soltanto unità espansa, laddove l'uomo partecipa alla visione dell'Essere. Comprendere l'interiorità sessuale vuol dire cogliere quella verità profonda che è anteriore a tutti i significati e, in questa millenaria società, in cui ha sempre prevalso la contrapposizione tra maschio e femmina, rimane l'unica possibilità per riportare in parità i valori esistenziali di entrambi i sessi, l'unica possibilità per realizzare una civiltà di amore e di democrazia.

Capitolo 4
QUANDO LA SPIRITUALITA' DIVENTA UN SURROGATO CHIMICO

Psicologia – Religione e Spiritualità

In un mondo oggi dove tutto è diventato indecifrabile, dove l'uomo è costantemente inquieto, sempre in conflitto tra la sua visione del mondo e come il mondo accade, mi sembra necessaria una riflessione sui temi Psicologia, Religione, Spiritualità, temi non lontani tra di loro, che insieme raccolgono i doni di tutti i nostri antenati. In una conferenza nazionale del 2001 sulla salute mentale siamo venuti a sapere che in Italia si suicidano 10 persone al giorno ed altri 10 ci provano. A questi si aggiungono 10 milioni di sofferenti mentali.

Un quadro allarmante non a tutti noto, perché il disagio mentale tende a nascondersi. Pillole antipanico, ansiolitici, antidepressivi, sonniferi sono sempre a portata di mano nelle tasche degli italiani. Possiamo affermare con certezza che in Italia, ma aggiungerei anche in tutto l'Occidente, l'anima sta male.

Alla base c'è un deserto affettivo che è diventato un paesaggio abituale dell'uomo occidentale, dove si radica un nucleo depressivo che origina da un senso d'insufficienza e di inadeguatezza per ciò che si potrebbe fare e che non si è in grado di fare o non si riesce a fare secondo le aspettative altrui, a partire dalle quali ognuno misura il valore di se stesso.

Tutti i farmaci che si trovano nelle tasche degli italiani mascherano i sintomi causati dall'indifferenza dell'anima, ma non curano il male. Il disagio esistenziale risiede in una visione del mondo troppo angusta per poterlo capire e reperire un senso per la nostra esistenza, e quindi trovare delle buone ragioni per vivere. Il mondo è cambiato e la mente ha bisogno di idee fresche per capire se stessa e il mondo dove si vive. Ma chi si prende cura delle idee che ci determinano e ci condizionano se le Chiese sono deserte, gli insegnamenti filosofici si sono ritirati nelle aule accademiche e le pratiche psicologiche hanno perso i loro referenti?

Senza religione, senza filosofia, senza psicologia a trarne profitto è l'industria farmaceutica che seda l'anima e riduce l'inquietudine dell'uomo. Un'inquietudine che ha cambiato forma. Non più generata dal conflitto tra passione e ragione che era stato il campo da gioco dei riti religiosi e delle cure psicoanalitiche, ma dal conflitto tra la propria visione del mondo ed il modo in cui oggi accade il mondo. Un mondo che consegna all'individuo il senso della sua radicale impotenza. E' collassata la realtà come la tradizione ce l'aveva fatta conoscere e la nostra mente non ha più referenti, mentre la nostra anima si perde nel disordine del mondo e " quando l'anima si allontana non si limita ad abbandonarci, essa ricompare in modo sintomatico nelle ossessioni, nelle dipendenze di ogni tipo, nelle forme di violenze, nella perdita di significato". Nella storia dell'umanità le religioni si sono sempre prese cura dell'anima. La vita è dura da sopportare. Ecco che la terra trema, si squarcia e seppellisce tutto ciò che esiste di umano ed ogni cosa prodotta dall'uomo, l'acqua si solleva e sommerge tutto, la tempesta spazza via ogni cosa. E poi ci sono le malattie e poi ancora l'enigma doloroso della morte.

Con queste forze elementari la natura si erge contro di noi immensa, crudele, spietata e torna a porci di fronte agli occhi l'inermità e l'impotenza da cui pensavamo di esserci sottratti mediante le opere delle civiltà. Una gran dose di sofferenza, inoltre, viene inflitta all'uomo dagli altri uomini, viene imposta all'uomo dalla civiltà stessa di cui è membro a dispetto di quanto la civiltà sancisce a causa dell'imperfezione della civiltà stessa. E dunque per rendere sopportabile l'umana miseria la maggior parte degli esseri umani si sono tramandati e si sono protetti dalle rappresentazioni religiose adottate nelle diverse fasi delle diverse civiltà. La vita così serve ad uno scopo più alto, uno scopo che non è facile da individuare,ma certamente mira ad un perfezionamento dell'essere umano.

Oggetto di questa elevazione deve essere probabilmente la parte spirituale dell'uomo. Sia per coloro che credono che per coloro che non credono la via comune è quella della spiritualità . Spiritualità, quindi, non intesa in senso religioso, ma come vita interiore profonda, come fedeltà ed impegno alle vicende umane,come ricerca di un vero servizio agli altri, una ricerca attenta alla dimensione estetica ed alla creazione di bellezza nei rapporti umani. L'umanità è una, al di là di una collocazione tra atei, agnostici e fedeli l'uomo è capace di discernere tra il bene ed il male in virtù di un indistruttibile sigillo posto nel suo cuore e della ragione di cui è dotato.

La vita spirituale, che è la ricerca dell'uomo di significato, finalità e trascendenza è per lo più oggetto delle religioni che ne delineano le convinzioni le tradizioni e le pratiche condivise in una Comunità di fede specifica. I concetti di religione e spiritualità sono dunque in relazione, ma non sono sinonimi. Nell'elaborazione di questi concetti gli occidentali fanno riferimento alla filosofia greco romana. Una filosofia che si preoccupava del dominio dell'uomo sulla natura, che cercava di predire e controllare il mondo naturale. La cultura occidentale ha messo Dio in cima alla gerarchia, una scelta degli imperatori che reclamavano di governare per diritto divino. Questa base di conoscenza viene ereditata nel Medio Evo il cui messaggio era che la fede insieme alla ragione provvedeva a tutto ciò che serviva per conoscere la verità. Ma il vero sviluppo delle scienze, della medicina, della letteratura, avviene nell'altra parte del mondo, in Cina, in America Latina, dove si sviluppava una filosofia onnicomprensiva della natura laddove i paesi dell'occidente continuavano a studiare il mondo con la finalità di manipolarlo e dominarlo, trasformando l'armonia e la bellezza in squilibrio e caos.

La psicologia, nascendo nel 1879 come scienza del comportamento umano, riconosce la filosofia occidentale e la scienza come suoi genitori, non prende in alcuna considerazione le tradizioni esoteriche dell'Oriente. All'inizio la Psicologia era troppo impegnata a dimostrare la sua validità scientifica per trattare problemi spirituali. Ma si trovò ad imbattersi in non poche difficoltà. Con Freud vacilla un po' l'opinione di risolvere la conoscenza psicologica con il metodo scientifico, comunque il metodo scientifico prevale ed invade la Psicologia che aveva troppo bisogno di riconoscimento.

I radicali cambiamenti degli ultimi tempi mettono in crisi i diversi orientamenti che i Padri della scienza psicologica avevano sviluppato, i quali si vedono costretti ad un fitto dialogo tra di loro ed ad una tendenza di scambio con i concetti orientali. Il cambiamento troppo rapido produce una crisi globale e un'insicurezza totale. Il desiderio di significato dell'uomo si fa intenso e questo richiede il riconoscimento di molteplici punti di vista e sistemi di conoscenza. Zen e Buddismo hanno attirato noti psicoterapeuti come Fromm, Horney, James, che affermava "compared to what we ought to be we are only half awake". La parola d'ordine è integrazione.

Gli psicologi sono costretti a riflettere sulla diversità di orientamenti e sulla diversità delle Comunità che essi servono e sulle loro responsabilità verso tali Comunità. Tradizioni culturali come Buddismo ed Islam si conoscono di più e sono più accettati nel mondo occidentale. Un numero sempre più elevato di ricercatori cerca un'integrazione di sistemi occidentali ed orientali di conoscenza psicologica sempre tuttavia attenti al " lato oscuro" delle religioni ed ai modi attraverso i quali molte religioni marginalizzano i gruppi con grandi costi per la salute mentale, per non parlare di tutte le guerre che sono state fatte in nome di Dio.

In questo faticoso cammino la Psicologia abbraccia sempre di più la personalità integrale fino alla dimensione transpersonale. La Psicologia si apre alla trascendenza per far fronte al sorprendente bisogno di interiorità, come si evidenzia nelle abbondanti pubblicazioni che riempiono gli scaffali di tutte le librerie. Infatti, uno dei problemi più acuti che oggi la Psicologia deve affrontare è il diffondersi del vuoto esistenziale, della mancanza di senso della vita e quindi dell'assenza di obiettivi chiari che genera insicurezza e bassa autostima. La Psicologia che inizialmente aveva diviso e separato i vari livelli dell'organismo umano, oggi passa ad una visione più unitaria dell'essere umano dove crescita biologica, maturazione psichica e trasformazione spirituale camminano di pari passo.

La Psicologia abbraccia una prospettiva più universale e trascendente della realtà che facilita la consapevolezza e la funzione creativa dell'uomo in questo mondo nuovo ed accelerato, minacciato da un'indifferenza dall'anima; in un mondo senza religione e senza rivoluzione l'anima va riorientata con una dieta impegnativa il cui cibo essenziale si chiama Amore, amore una parola così abusata oggi e sovente svuotata di significato, ma parola unica della grammatica umana che medica e nutre l'umana natura.

Capitolo 5
I CAMBIAMENTI SOCIOCULTURALI E LA STABILITA' PSICOLOGICA

Cultura e salute mentale

Vi sono tante definizioni di cultura. Le possiamo riassumere come segue:

[La cultura si riferisce agli schemi comportamentali specifici ed agli stili di vita condivisi da un gruppo di persone.

[La cultura è caratterizzata da un insieme di visioni, credenze, valori, atteggiamenti di vita e dà significato al comportamento.

[La cultura si acquisisce attraverso il processo di inculturazione trasmesso di generazione in generazione, ovvero attraverso la famiglia e l'ambiente sociale.

Come risultato dell'inculturazione ciascun individuo apprende una lingua, una religione o un altro sistema di significati che configura una determinata visione del mondo e delle forze che vi operano. Tutte queste acquisizioni si strutturano a livello cerebrale nelle reti neuronali. Attraverso l'azione abituale del pensare per esempio in una determinata lingua o del credere in una particolare religione, questi pensieri assumono specifica configurazione fisica nell'organizzazione delle reti neuronali del cervello. Pertanto l'ambiente socioculturale plasma il cervello dell'individuo anche da un punto di vista fisico. Per esempio per parlare cinese deve essersi strutturata nel cervello la rete adatta: se non esiste questa rete specifica non è possibile parlare cinese.

La continuità è una caratteristica della cultura, tuttavia si possono verificare in modo lento e graduale o anche improvviso e radicale dei cambiamenti automatici all'interno della cultura stessa o come risultato d'influenza di altre culture.

In ogni ambiente oggi si parla dei radicali cambiamenti di questo secolo, dell'incredibile aumento della diffusione dei mezzi di comunicazione, di trasporto, della conseguente maggiore facilità di spostamento ed emigrazioni. Gli scambi transculturali sono diventati molto più veloci ed estesi che in passato. Come sostiene Zwingle "le cose buone si muovono. Le persone si muovono. Le idee si muovono. E le culture cambiano". E' questo un fenomeno che coinvolge tutto il mondo. La psicologia culturale è molto interessata a questo fenomeno sociale. I cambiamenti socioculturali rapidi e cospicui hanno sempre un forte impatto nella vita umana ed un'influenza significativa sulla salute mentale. Studi recenti hanno cercato di individuare le conseguenze psicologiche del cambiamento culturale sia a livello individuale sia a livello familiare. Il sistema culturale introiettato nei primi anni di vita tende a non modificarsi. E' il nucleo stabile della psicologia. Tuttavia, i nuovi punti di vista, i vissuti e gli atteggiamenti dovuti ai cambiamenti culturali vengono assorbiti come strati aggiuntivi, che diventano parte della psicologia del Sé.

Se i vari sottosistemi assorbiti differiscono profondamente o sono in contrasto tra di loro, si può andare incontro, man mano che si sviluppa la personalità ad ambivalenze, conflitti o confusione. E' quanto si riscontra spesso nelle persone che fanno l'esperienza di un drastico cambiamento culturale in un breve periodo di tempo, per esempio nel caso dell' emigrazione.

Passare da punti di vista molto ristretti ad altri più ampi in merito alle relazioni uomo – donna, passare da una morale rigida ad una più permissiva sono alcuni esempi di cambiamento culturale che hanno un notevole impatto sulla psicologia individuale. All'estremo l'individuo potrà soffrire per la confusione e la perdita della propria identità culturale. Ne consegue, spesso, l'insorgenza di diversi disturbi mentali. Un rapido cambiamento socioculturale può causare un certo disagio psicologico nel gruppo familiare. Date le differenze nella rapidità di adattamento e di reazione ai nuovi sistemi di valori e ai modi di vedere le cose il divario generazionale tra genitori e figli tenderà ad ampliarsi. Se ci sono i nonni il divario tra le generazioni ne complica sempre il funzionamento.

Il cambiamento culturale si è verificato in ogni società del passato, si verifica nel presente e si verificherà in futuro, tuttavia, quello che si vuole sottolineare è che se il cambiamento è di particolare entità, come quello che viviamo in questo passaggio epocale, esso tende a diventare fonte di stress, confusione e disturbo per la società ed alcune persone troveranno difficoltà ad adattarsi andando incontro a taluni problemi mentali.

I disturbi possono essere molteplici e manifestarsi come disagi sociali nella vita quotidiana, disintegrazione familiare con incremento di disturbi psicosomatici, nervosi, alcoolismo, e abuso di sostanze. Trattasi della nota Sindrome di Adattamento dell'uomo contemporaneo, sottolineata con la parola stress. Ma cosa è lo stress? Nella lingua inglese la parola "stress" significa difficoltà, tensione, pressione. In altre parole vuole indicare qualcosa che non funziona, nell'organismo c'è una crisi. L'organismo è un'unità complessa nella quale gli organi e i sistemi funzionano in un sistema integrato, la cui esistenza è resa possibile dalla stretta relazione tra esso e l'ambiente che lo circonda.

La vita richiede il mantenimento di un certo equilibrio, ma, in realtà, l'equilibrio interno si basa su un equilibrio tra organismo ed ambiente. Quando l'organismo è aggredito da eventi che ne compromettono l'equilibrio mette in atto delle risposte: una catena di eventi fisiologici che tendono a ristabilire le condizioni di equilibrio. L'equilibrio si spezza continuamente e continuamente si ristabilisce. L'ambiente sottopone l'individuo a pressioni e gli richiede un cambiamento. Queste pressioni o fattori di stress possono avere natura fisica (un intervento chirurgico) o natura psicologica (un divorzio).

Nella vita ci sono forti eventi che modificano la vita delle persone. Sono queste esperienze universali: matrimoni, divorzi, lauree, malattie. Gli avvenimenti della vita richiedono riadattamenti dei comportamenti. Ma oggi, l'adattamento a nuove situazioni è più costoso.

L'uomo contemporaneo subisce una costante sofferenza psicologica, chiamata appunto "Sindrome generale di

Adattamento", con una reazione aspecifica da parte dell'organismo, il quale, di fronte a stimoli diversi, molteplici, nuovi, presenta un umore depresso, un'insoddisfazione costante, una motricità rallentata, idee ossessive, ansia e paure.

In altre parole, le richieste ambientali, dovute alla trasformazione della società superano la capacità dell'individuo di affrontarle.

Sono condizioni di pressioni contrastanti nella famiglia, nella società, nella scuola, sono frustrazioni, conflitti psicologici, ai quali il soggetto deve reagire con uno sforzo eccessivo determinando un notevole disagio per il proprio stato emotivo.

Ovviamente la crisi, va precisato, è la risultante interattiva di variabili che includono l'evento stressante, le risorse di sostegno di cui il soggetto dispone per far fronte allo stress, la percezione dello stress da parte del soggetto. Questi fattori interagiscono per determinare la crescita di una crisi o di una malattia.

La cultura riguarda ciascuna di queste variabili, vale a dire, influenza il verificarsi dello stress, ne modifica la percezione o la valutazione, è coinvolta nella scelta del modello di coping e influisce sulle risorse di sostegno a disposizione del soggetto. In altre parole, un sistema culturale ha un grande impatto su svariati aspetti dello stress. Può aumentare conflitti personali e preoccupazioni per il futuro.

L'uomo sopraffatto dallo stress può trovare una fonte di conforto attraverso una gamma di strategie positive, ma anche negative come, ad esempio per i giovani l'uso di sostanze, sviluppando quella che si suole definire "cultura dello sballo" e comportamenti antisociali. Il prezzo che si paga per un'incapacità di adattamento è la malattia e l'infelicità. La capacità di adattarsi con successo non significa semplicemente eliminare tensioni con un esercizio di rilassamento o accettare risposte compensative come comprarsi un vestito nuovo. L'uomo nel suo dinamismo esistenziale avverte bisogni nuovi, ha bisogno di mete e fa progetti per raggiungerle.

L'uomo è nato per costruire e progredire, ovvero per realizzarsi e si realizza nell'ambiente in cui vive. In questo panorama rivoluzionario diventa quanto mai necessario esplorare nuovi modi di definire il valore dell'individuo e le relazioni sociali. E' il fremito di questa ricerca che ci dà un orizzonte più alto. Ma la ricerca non è solo all'esterno ma è, e rimane sempre e soprattutto dentro di noi. Possiamo conoscere nuove leggi, nuovi farmaci, nuovi rimedi, nuove teorie, ma non è così che si salva l'umano.

Occorre uno stile di illuminazione, una nuova fecondazione interiore che propone a ciascuno la responsabilità di vivere in questo mondo, così com'è. Noi siamo un organismo nel quale vivono miliardi di altre vite, cellule, batteri. Facciamo parte di un universo e a nostra volta siamo un universo. Scorrendo questa realtà io vivo bene nella misura in cui vivono gli insiemi. Ma l'insieme va bene soprattutto se io sono valido per me. Io sono valido se conosco le mie risorse e le utilizzo e riesco a trovare quel punto critico che consente l'equilibrio dentro di me, che mi dà il modo di convivere con il sociale, comunque esso sia. La maturità dell'individuo e soprattutto la sua sanità si forma per inevitabile dialettica biologica, psicologica e politica sul modo di metabolizzare il sociale.

Il sociale è l'eterno utero, il permanente grembo dove il soggetto gestisce le sue potenzialità per realizzare ciò di cui è dotato dalla nascita. Nella grande fatica di vivere ci si può imbattere in quell'insieme di circostanze che blocca ogni possibilità di scelta e l'organismo nel suo insieme entra in crisi. Un insieme di altre circostanze lo può far uscire dall'impasse e liberarlo dalla crisi.

Ma può verificarsi che l'individuo desista dall'attuare quel piano, che pur conosce, per eliminare le situazioni stressanti e si "adatta" semplicemente allo stress. Adattarsi allo stress significa subirne gli effetti. L'individuo può scoprire l'esistenza di "ausili farmacologici". Per il mantenimento di questi equilibri si cominciano ad apprezzare i benefici degli psicofarmaci e nei casi peggiori "la bontà" delle droghe. Realtà ed illusione, mirabilmente espresse nelle opere di Pirandello, hanno labili confini. L'illusorio, verosimile o meno, si sostituisce spesso al reale. L'illusione, l'accettazione dello stress chiede all'organismo costi che lo confinano ad una progressiva regressione verso livelli omeostatici sempre più bassi con risultati fatali.

In questo panorama fronteggiare lo stress non significa impossessarsi di opuscoli che insegnano come nutrirsi o quali rimedi naturali offrire al nostro corpo, ma è soprattutto capire dove siamo in ogni circostanza, saper attuare un "guadagno mentale". Non guadagno di carriera, di posizione, di soldi, ma un "guadagno interiore": ad ogni azione c'è una riflessione e un capire di più di noi stessi e del mondo che ci circonda anche se ci appare così diverso. La risposta da stress è riconducibile sempre alla valutazione che l'individuo ha di se stesso e del mondo. Quando l'uomo torna al fondamento chiaro di sé, dove sa tutto di sé, fa le cose migliori!

Capitolo 6
SEMI PER UN EQUILIBRIO FRAGILE E IN PERENNE CAMBIAMENTO : IL MATRIMONIO

Fragilità: questo nome si chiama matrimonio

I cambiamenti strutturali sono evidenti per l'uomo postmoderno, si manifestano in maniera determinante nella relazione di coppia. Divorzio, relazioni extraconiugali, perdita di desiderio sessuale, problemi di comunicazione e cooperazione, disaccordo su ruoli sociali: la coppia è in crisi ma la gente continua a sposarsi. Il matrimonio gode cattiva fama, viene descritto come una prigione che respinge lo spazio evolutivo e costringe i coniugi a fare una vita da borghesi, noiosa e casalinga. Il matrimonio non si addice all'immagine di un essere umano emancipato e autonomo. L'incremento del numero dei divorzi sembra dimostrare che questa istituzione non funziona più. Tuttavia studi recenti dimostrano che le persone sposate stanno meglio delle persone divorziate e vedove. Anche nei questionari sulla soddisfazione della propria vita, sull'impegno e sui successi personali, le persone sposate hanno risultati migliori delle persone senza partner.

A capire le trasformazioni socioculturali della coppia, ci riferiamo a cinque fenomeni identificati da Willy Pasini, che hanno influenzato il rapporto di coppia, per cui si rende necessaria una ridefinizione di questo sistema a due:

1. tramonto della famiglia estesa come principale comunità economica. Ai tempi dei nostri nonni ci si sposava e si generavano figli: questi erano i passaggi obbligatori. I figli erano al centro della vita di coppia. La coppia diventava subito famiglia, la quale aveva bisogno di braccia per i lavori dei campi, i figli costituivano una garanzia della vecchiaia;

2. passaggio dai bisogni familiari ai bisogni individuali. Nell'epoca contemporanea la riuscita dell'individuo e la sua emancipazione hanno un'importanza maggiore rispetto ai bisogni affettivi propri e del partner;

3. trasformazione da una società secolare ad una società multiculturale. La diffusione dei fenomeni di emigrazione, la vicinanza di diverse culture e visioni di vita, stanno allontanando

la coppia dal sistema di riferimento della società cattolica, per alcuni la coppia è un'unione sacra ed indissolubile, per altri è un'entità giuridica con diritti e doveri, per altri ancora essa è caratterizzata da regole psicologiche;

4. continua collusione tra vecchio e nuovo. Nella coppia troviamo atteggiamenti diversi. Alcuni la considerano la favola che si conclude con l'arrivo del principe azzurro, per altri è solo un modo per soddisfare esigenze sociali ed economiche;

5. passaggio dalla società rigida a quella flessibile. La nostra società è orientata verso la flessibilità, si sa che i nostri figli cambieranno almeno sei lavori nel corso della loro vita. Questa frenesia e questa dimensione spazio-temporale che si muove a velocità elevata, fa perdere terreno alla coppia che segue regole apparentemente immutabili di ordine religioso, giuridico e sociologico.

In questo clima di profonda trasformazione la coppia è sola, oberata di responsabilità, confusa, senza la famiglia estesa che la protegge. Un numero sempre maggiore di coppie sperimenta nuove forme di rapporto in assenza di modelli che funzionano da guida, per poi rivolgersi da un esperto quando c'è una crisi.

Whitacher definisce il matrimonio "un modello adulto di intimità" governato da regole ben precise e quindi per aiutare la coppia sarà necessario fare un esame scrupoloso delle regole implicite che regolano il modello di organizzazione e comunicazione di una coppia e cercare una rinegoziazione delle parti.

Modelli di organizzazione

Nell'esaminare la struttura e i compiti di una coppia bisogna prendere in considerazione il rapporto tra famiglia e sistema lavorativo. La forma più comune di matrimonio oggi è quella dove entrambi i coniugi lavorano. Sul piano teorico questo contratto è caratterizzato da ruoli simmetrici tra moglie e marito. Entrambi lavorano, ciascuno si prende la responsabilità di accudire i figli ed occuparsi della casa. Ma di fatto non è così. Il "quid pro quo" coniugale espressione legale del contratto che sta ad indicare che ciascuna parte riceve qualcosa in cambio di qualcosa che dà, è rimasto indietro rispetto ai cambiamenti sociali, per cui le donne finiscono per aggiungere un'occupazione fuori casa al tradizionale carico di impegni. Questo fatto sottolinea un serio squilibrio strutturale nei matrimoni contemporanei. Il risultato è spesso una rottura del contratto, che prevede una leadership condivisa nella famiglia, si verifica una disparità tra l'accordo iniziale ed il modello di vita di tutti i giorni. Le maggiori difficoltà inoltre si hanno nell'affrontare i compiti legati alla crescita ed all'educazione dei figli.

Potere ed eguaglianza

L'equilibrio di potere tra moglie e marito è un tema fondamentale nell'organizzazione coniugale. Per riuscire la coppia deve mantenere una complementarità nel far fronte ai compiti e nello stesso tempo un senso di uguaglianza e di leadership condivisa. La distribuzione del potere è un problema distinto dall'organizzazione complementare simmetrica della coppia. Le coppie con una relazione asimmetrica con ruoli e funzioni diverse rischiano uno stato di squilibrio di potere, se l'area di uno dei due è sottovalutata. Nelle relazioni più simmetriche l'eguaglianza non significa che moglie e marito devono assolvere gli stessi compiti, negli stessi modi e nella stessa quantità. Qualunque sia l'accordo ciò che è veramente necessario è un senso di reciprocità a lungo termine, in modo che i partner siano convinti che ciascuno si fa carico di alcune responsabilità e che i rispettivi contributi hanno valore e fanno parte di un equilibrio che dura nel tempo. Uno squilibrio persistente di potere nelle relazioni può portare ad insoddisfazione ed a sintomi come fatica, diminuzione del desiderio sessuale e depressione.

Adattabilità

Adattabilità e flessibilità sono i temi più diffusi ai giorni d'oggi, come nel lavoro così nella famiglia. Data la complessità degli impegni della vita quotidiana, la chiarezza e la coerenza sono essenziali. Le coppie devono stabilire regole chiare che tuttavia devono poter essere rinegoziate e cambiate. Nello stesso tempo le variazioni inaspettate della routine, le crisi e le eventuali responsabilità che si aggiungono, richiedono flessibilità, tolleranza per il caos che occasionalmente si può produrre.

Coesione

La sanità si trova su di un equilibrio tra vicinanza e il rispetto della separazione e delle differenze individuali. Nel "quid pro quo" coniugale c'è un impegno condiviso nella relazione ed una prospettiva che "ciascuno sia la cosa più importante per l'altro". Essa è una garanzia di continuità. È molto difficile mantenere coesione ed intimità nella coppia quando i coniugi hanno impegni lavorativi separati, che interferiscono nel tempo e nelle energie da dedicare al rapporto. Per le coppie in cui entrambi lavorano il tempo si consuma nell'adempimento degli impegni di lavoro e di famiglia ed il rapporto soffre di spazio di coppia e di spazi individuali.

Comunicazione

Per la sanità della coppia è necessaria chiarezza di regole, di ruoli e di messaggi. A causa della complessità e dell'ambiguità della vita moderna i partner devono costantemente ridefinire e rendere esplicite le loro idee ed aspettative nei confronti del matrimonio e di se stessi. Il professor Edoardo Giusti scrive :"Ognuno vorrebbe essere capito senza compiere lo sforzo di spiegarsi. Essere capito con un cenno, dire tutto con uno sguardo... Meravigliosa utopia, stupenda trappola." Qualcosa ci brucia dentro, abbiamo una richiesta, un rimprovero da fare? Esprimiamolo. Non contiamo sull'altro perché lo indovini.

Espressione delle emozioni

È questo un aspetto vitale della comunicazione di coppia. Ogni coppia deve raggiungere un accordo su come si esprimono reciprocamente i sentimenti di affetto, amore, cura. Fraintendimenti su questo piano sono fonte di grosse tensioni. Le donne spesso lamentano una mancanza di dimostrazione di affetto da parte del marito e questi la mancanza di interesse sessuale delle prime. Per la donna le due cose sono connesse: lei si sente più attratta, se lui fosse più affettuoso, rispettoso e dimostrasse apprezzamento per quello che fa. Di solito gli uomini, con un'educazione tradizionale, pensano di dimostrare l'affetto col provvedere economicamente alla famiglia ed in questo sforzo non si sentono sufficientemente apprezzati dalle mogli. Spesso i mariti che sostengono genuinamente le aspirazioni lavorative delle mogli, si sentono poco amati se questa non prepara i pasti come facevano le loro madri, dal momento che nella famiglia d'origine cucinare era considerato espressione d'amore della moglie. Anche in questo la coppia deve stabilire " il quid pro quo" relativo all'espressione dell'affetto che vada incontro ai bisogni d'intimità.

Problem solving

La grossa differenza tra coppie che funzionano e quelle che non funzionano non è determinata dalla presenza o assenza di problemi, ma piuttosto della capacità di affrontare e risolvere le difficoltà che insorgono nel corso della vita a due. Nel matrimonio tradizionale le regole di relazione sono più chiare e congrue con la famiglia estesa e la comunità, che offrono più modelli e sostegno.

Le coppie moderne devono sperimentare un nuovo processo di problem solving che va dall'identificazione condivisa del problema, alla contrattazione fino alla soluzione. Le coppie si possono incagliare in un qualsiasi punto di questo cammino. Alcune coppie non riescono ad individuare il problema, non lo condividono e di conseguenza non sanno come risolverlo. Altre hanno difficoltà ad esprimere il conflitto per paura di incrementarlo e non riuscire più a gestirlo. Queste coppie possono avere una duplice soluzione: o tendono ad accordarsi sull'essere d'accordo a tutti i costi, e quindi si trasforma in una coppia che non comunica, o diventano acerrimi nemici in una battaglia senza fine che non vede né vinti né vincitori- In questa società postmoderna, veloce e multietnica siamo dunque chiamati ad inventare nuove regole, che ci aiutino a gestire la nostra vita, ad affrontare nuove sfide e diverse convivenze. I diritti e i doveri dei coniugi non sono prescritti e limitati dai ruoli sessuali determinati biologicamente. Il nuovo modello di coppia presuppone un processo attivo di ricerca e di definizione dei compiti relazionali nel tempo. Gli studi sulla coppia ci confermano che essa attraversa, nell'arco dell'esistenza, varie fasi che la caratterizzano e che rendono necessaria una trasformazione nella propria organizzazione interna. I passaggi significativi che la coppia si trova ad affrontare sono:

1. La nascita della coppia: fase dell'innamoramento e dell'amore. Si comincia a costruire un'identità di coppia, che si differenzia dalla famiglia di origine, creando dei confini, i più definiti possibili.

2. Nascita del primo figlio: nuovi confini e nuove relazioni con l'esterno.

3. La coppia di fronte ai figli adolescenti.

4. Fase dello svincolo dei figli e del pensionamento, detta anche del "nido vuoto", dove i figli abbandonano la casa, si formano nuovi nuclei familiari. La coppia sperimenta la vita della terza età con tutte le sue implicazioni, compreso il vissuto di angoscia relativa alla morte.

La coppia sana percorre, pertanto, un ciclo di crescita. La crescita passa da una prima fase di dipendenza dove vive un delirio passionale o simbiosi durante la quale l'idealizzazione del partner è estrema, una seconda fase che si caratterizza dalla differenziazione, dove viene scisso l'ideale dal reale e nascono i primi segni di incompatibilità. La terza fase viene caratterizzata da un periodo di sperimentazione, la coppia sente l'esigenza di uscire dal nucleo a due e di esplorare l'esterno. È il periodo più problematico e pressante dal punto di vista conflittuale. È anche la fase a rischio di rottura, perché corrisponde al periodo in cui avvengono i tradimenti. L'ultima fase è quella dell'interdipendenza, che si basa sull'accettazione dell'integrazione di un legame imperfetto. I partner giungono alla consapevolezza che l'altro può essere imperfetto e quindi attuare il processo di riavvicinamento, che permette di travalicare i conflitti e riaccendere il desiderio.

Eraclito affermava: soltanto il cambiamento è perenne. Niente di tutto ciò che ci circonda, che possiamo costruire e che siamo, è al riparo dai cambiamenti. Abbiamo già osservato e descritto i cambiamenti planetari, in ogni organizzazione sociale, ma ci sono anche cambiamenti sottili. Cambiano opinioni, idee, stati mentali… quello che eravamo scompare, arriva un'altra persona, che ci somiglia ma non è la stessa. Ogni emozione, ogni promessa, qualsiasi amore evolve perdendo la forma originaria. Tutti sappiamo ma fingiamo di dimenticare. Senza cadere nella trappola di voler definire cosa è l'amore, possiamo comunque analizzare le componenti stabili dell'amore che secondo Sternberg sono tre, intimità, passione e impegno, che in misure diverse connotano ogni tempo e spazio dell'amore.

Intimità : l'insieme di quei sentimenti che fanno riferimento alla vicinanza, al vincolo. Per essere intimi bisogna aprirsi all'altro, abbattere le difese, sapersi affidare e saper tollerare le delusioni.

Passione : è caratterizzata da intensi desideri di unirsi all'altro. Con essa si esprimono sentimenti di affiliazione, cura, sottomissione, ed appagamento sessuale.

Impegno : esprime la volontà di far durare le relazioni attraverso un impegno. Tale componente ha un ruolo importante nei momenti di crisi e di stallo, in cui passione ed intimità scemano a causa di problemi di relazione, ma la relazione continua proprio in funzione della decisione e dell'impegno.

Il mantenimento di tali componenti non è facile in una società orientata verso la flessibilità. La fragilità della coppia risiede proprio nella sua precarietà, data appunto dalla sua incapacità o difficoltà di trasformarsi. Amare ed essere amati, dirlo e viverlo, è una delle felicità più grandi. Ma "una vita è poco per imparare ad amare". Si impara ad amare per tutta la vita. Amare non vuol dire annegare e dissolversi nell'altro, nemmeno soffocarlo, aspettandosi che si fonda in noi. Sovente si naviga nelle emozioni in modo ben poco consapevole. L'emotivo è un oceano meraviglioso che può diventare quieto o burrascoso a seconda di come soffia il vento. Occorre imparare a dirigere i venti per affrontare le burrasche che costantemente si abbattono nel nostro essere. Amare va molto al di là del rapporto amoroso: una coppia riuscita non è un caso fortunato ma è il risultato di un difficile percorso. Amare è qualcosa di una tale esigenza che nessuno sa come procedere, ma abbiamo mille occasioni per tentare.

Forse oggi, per la prima volta, uomo e donna si stanno muovendo verso una dimensione nuova, in cui vengono messi in discussione ruoli consolidati ed indiscutibili dove giovani di entrambi i sessi sentono un'acuta tensione, la sete di un altrove lontano dove si può trovare un'autentica identità, per il quale si è riconosciuti ed amati come unici; dove pressanti sono le domande"chi sono?", "dove sto andando?", "che significato ha la vita?". E' una realtà che va affrontata con serenità e consapevolezza. Essa vuole l'incontro sempre in margine allo scopo di fondo del proprio fine e farsi storico.

Una realtà che esige che ognuno ami davvero e che abbia per obiettivo anche la felicità e la realizzazione dell'altro. Come diceva Jung ogni essere umano, maschio e femmina, è la metà di qualcosa che un tempo era intero. Si può aprire il cammino verso quell'armoniosa integrazione del maschile con il femminile verso quel punto di unione, laddove l'uomo partecipa alla visione dell'essere. E' l'opportunità per la coppia dell'autonomia e della realizzazione di se. È l'incontro che porta alla conoscenza di se stessi, in quel profondo di noi stessi dove inizia il vero amore: l'accettazione e l'amore di noi stessi, la sicurezza interiore. Sentirsi validi, identificarsi con la vita. Sentirsi. Sapere di riuscire in quello che si fa, sapere di potere amare, sapere di stare vivendo. Hai qualcosa da dire agli altri, hai la vita da dire, hai la vita che è in te e che sei da proporre. Un senso di armonia e di pace si diffonde in te e puoi anche stare da solo e non sentirti solo. Termina la ricerca affannosa dei lidi lontani. Finalmente si ritorna a se stessi capendo che la nostra casa è ovunque ci troviamo, in ogni momento siamo a casa nostra.

Capitolo 7
QUANDO L'INFORMATICA ENTRA NELLA VITA DEGLI UOMINI. VIRTU' E PERICOLI.

Internet: uso ed abuso della rete

Sono anni che si parla di nuove tecnologie rivoluzionarie che hanno portato a cambiamenti radicali nella maggior parte delle strutture portanti della società. Tutti ormai conoscono il termine INTERNET definibile come un'immensa Rete o Ragnatela. La diffusione di Internet sta condizionando in modo sempre più pregnante tutti gli ambiti della nostra vita, da quello lavorativo, dove inizialmente si è diffuso, a quello privato, dello svago e del tempo libero: Internet ci introduce nel ciberspazio, permettendoci di superare i vincoli spaziotemporali della nostra esistenza e i limiti imposti dalla realtà concreta; apre nuove e numerose prospettive all'intera società e sta condizionando i fondamenti strutturali semantici ed espressivi della comunicazione. I suoi molteplici usi sono:

- la comunicazione rapida libera da limitazioni geografiche (e-mail);
- la divulgazione d'informazioni, siti web, che consente di ottenere notizie precedentemente irreperibili;
- ricerca di nuove collaborazioni nel lavoro e possibilità di effettuare lavoro telematico da casa propria;
- possibilità di contattare persone con gli stessi interessi;
- transazioni commerciali e finanziarie;
- editoria multimediale con testi digitali, arricchiti di immagini e suoni.

Peraltro Internet è un potente mezzo pubblicitario usato per reclutare clienti ed adepti, come le altre innovazioni tecnologiche televisione, telefono. Il collegamento su Internet si è diffuso nel quotidiano: dalle università all'industria, dagli studi professionali ai centri ricreativi, basta cliccare su delle icone o finestre per collegarsi ed usare i vari programmi e non vi sono limitazioni di competenza/abilità né di età per collegarsi alla Rete. Basta solo un po' di curiosità per immergersi nel labirinto virtuale ovvero nel villaggio globale a cui ci introduce Internet e sono i "richiami" più svariati che alimentano la nostra motivazione ad usarlo.

Dunque Internet è entrato con prepotenza nelle società industrializzate diffondendo la dimensione del virtuale nella vita quotidiana. Ma cos'è la Realtà Virtuale? Il virtuale rappresenta la dimensione del possibile contrapposta a quella concreta. E' capace di riprodurre in parte un contesto relazionale, capace di generare emozioni vere. Il virtuale ha altri effetti nella comunicazione. La mancanza del contatto diretto con l'altro, lo schermo protettivo fornito dall'interfaccia digitale consentono una difesa fisica ed emotiva per cui tutto appare più facile che nella realtà.

Holland ha osservato nell'utente Internet molto più di frequente rispetto alla vita reale, una regressione che provocherebbe un'insolita generosità, una facilità nell'uso di una terminologia sessuale diretta ed una tendenza all'aggressività.

Alla base di tale regressione ci sarebbe una riduzione dell'inibizione che permette di esprimersi con più facilità rispetto al rapporto faccia a faccia (il cosiddetto effetto confessionale). Ma senza un rapporto faccia a faccia si entra in relazione in modo parziale e narcisistico. È vero che la rete sociale si allarga, ma si tratta di una rete costituita da legami sociali deboli, da relazioni superficiali e fragili, caratterizzata da un contatto limitato a pochi ambiti con persone che non conoscono il contesto sociale dell'altro.

È una rete che può garantire informazioni e risorse non facilmente reperibili, ma che difficilmente può sostituire il contatto con la condivisione di emozioni profonde, capaci di dare supporto sociale ed arginare situazioni ed effetti stressanti sia a livello psicologico che sociale. Anche se la Rete è una realtà relativamente giovane è già disponibile una numerosa letteratura psichiatrica per l'abuso di tali tecnologie e si mette in guardia sull'Internet Addiction Disorder (IAD). Lo IAD provoca, al pari di altre patologie di dipendenza, problemi sociali, sintomi d'astinenza, isolamento, problemi coniugali e di prestazione, problemi economici e lavorativi.

La dipendenza attraversa varie fasi. Nella prima fase si assiste ad un'attenzione ossessiva per le e-mail e ad una modalità di fruizione a " zapping"ossia sguardi fugaci da sito a sito, guidati da un impulso di ricercare qualcosa di importante e di emozionante.

Segue una fase caratterizzata da un uso intenso della Rete, con la consapevolezza di non poterne fare più a meno, sensazioni di malessere nei periodi di disconnessione, perdita di sonno, uso intenso delle chat-lines e dei gruppi di discussione.

Infine c'è la fase dell'uso intenso dei Multi User Dungeons, con grave compromissione della vita relazionale e professionale. I Multi User Dungeons o MUDs sono giochi di ruolo in cui tutti i partecipanti interagiscono contemporaneamente scegliendo un ruolo o un setting nel quale eseguirlo.

Come afferma Seta la virtualizzazione pone il problema di una messa in discussione dell'identità attuale con effetti di derealizzazione intesa come vera e propria categoria psicopatologica. È difficile stabilire un tempo minimo per l'innescarsi di tale percorso ed il numero delle ore che costituisce indice di dipendenza. Ogni individuo è diverso dall'altro per gli effetti e le conseguenze di un abuso di Internet, tuttavia è possibile sviluppare una dipendenza nell'arco di soli 6 mesi. Una volta sviluppata la dipendenza,il soggetto ha difficoltà a riconoscerla, sono le persone che sono intorno che se ne rendono conto. Anche se l'individuo è posto di fronte all'evidenza della sua dipendenza , continuerà a negare il problema: minimizza,razionalizza, trova delle scuse, si arrabbia e diventa suscettibile.

Nella scelta delle chat ci sono differenze tra uomini e donne . Gli uomini preferiscono i giochi interattivi aggressivi o le chat sessuali, le cyber-porn; le donne quelle per ricercare amicizie e lamentarsi dei propri problemi.

La ricerca dei fattori predisponenti ci dice che alla base della scelta di dialogare in chat-lines, da cui il rischio della dipendenza, esiste una difficoltà relazionale dell'individuo.

Spesso la comunicazione virtuale assume per alcuni una funzione riparativa rispetto alla propria esistenza. Virtualmente è possibile costruirsi un ruolo, un'identità diversa, impossibile nella realtà concreta di tutti i giorni. Questo, da un lato permette una rielaborazione del proprio disagio, della propria solitudine e sofferenza, dall'altro consente d'immergersi in una dimensione magica ed onnipotente che aliena dalla quotidianità. Il virtuale diventa così un'alternativa al dolore ed alla solitudine. La possibilità di poter fare tutto, senza tener conto del reale allontana paradossalmente dalla vita. Infatti, se da un lato, attraverso le chat-lines l'individuo aumenta la propria assertività e sicurezza, dall'altro i contatti sociali diventano più problematici, con un minore coinvolgimento emotivo, affettivo sia con la famiglia che con gli amici e nel lavoro.

Dagli studi finora condotti non si può affermare che la Rete abbia delle potenzialità psicopatologiche, ma si può pensare che la IAD coinvolge persone con problematiche psicologiche pregresse, ovvero si ritiene che Internet acutizzi e sostenga disagi psichici già presenti.

Più precisamente, per esempio:

1. ad un individuo con disturbo evitante di personalità rinforza l'isolamento

2. ad uno schizoide rinforza il suo bisogno di solitudine e le sue idee di autosufficienza

3. ad un fobico sociale acutizza i meccanismi che lo hanno portato al ritiro

E così via. A queste conseguenze negative possiamo affiancare applicazioni psicologiche del virtuale molto positive come quegli interventi riabilitativi progettati per bambini con deficit nello sviluppo, attraverso i quali si riesce a superare difficoltà di comunicazione e di apprendimento. Ci sono altresì, terapie valide per il trattamento delle fobie, programmi riabilitativi per pazienti psicotici e disturbi dell'immagine corporea. Per non parlare della Cyberterapia : On line Psych, Cyber Psych, Mental Health Cyber Clinic: Sono siti web che cercano di risolvere problemi relazionali, fobie sociali, stress, alcolismo. Al di là del fatto che possono definirsi o no terapie, nella maggior parte dei casi rappresentano per l'individuo un notevole aiuto. Riescono a contattare popolazioni difficili da raggiungere come malati, disabili e coloro che sono territorialmente distanti. La Cyberterapia in ogni caso è un luogo giusto per i servizi di consulenza.

Come tutte le innovazioni, Internet suscita reazioni contrastanti e discussioni tra coloro che abbracciano i progressi della tecnica e coloro che la guardano con sospetto. La realtà è che Internet è un potente mezzo di comunicazione, connette più di 150 milioni di persone al mondo e più di 2 milioni in Italia. Come qualsiasi altra tecnologia porta con sé aspetti positivi e negativi, nonché precauzioni per il suo uso. Numerosi studi documentano il pericolo di una dipendenza, che presenta gli elementi tipici di una dipendenza da sostanze: astinenza, isolamento, compromissione della sfera affettiva, lavorativa e sociale.

Anche l'ambiente virtuale va compreso, ne va afferrato il concetto e l'uso appropriato, altrimenti si assume in questa società occidentale, caratterizzato dal progresso e dal cambiamento,una posizione svantaggiata. Il mondo si muove e si evolve. La nostra società ci richiede di essere versatili e di non cadere nella rigidità che è il primo fattore di disadattamento. La nostra società ci richiede altresì la riflessione e la consapevolezza di quello che si fa che ci consente di usare le cose che ci facilitano la vita evitando gli effetti "nocivi" del loro abuso.

Capitolo 8
LE NUOVE MODALITA' DELLA CREATIVITA' NEL III MILLENNIO

L'uomo creativo del III millennio

I cambiamenti storici definiscono le ere. La fine della nostra era è quella cominciata nel 1700 con la nota Rivoluzione Industriale. La fine di un'era produce un cambiamento strutturale che implica una crisi di adattamento per l'uomo, il quale deve assorbire e trovare nuovi equilibri, nuovi modi di organizzazione economica, politica e sociale. Ma la fine di questa Era non è come le altre. E' un evento di portata planetaria. Jeremy Rifkin nel suo libro "La fine del lavoro" mi ha dato la chiave per capire la portata planetaria di questo cambiamento quando scrive: "Le nuove tecnologie rappresentano il III evento nella storia dell'universo":

I evento : la creazione della terra

II evento: la comparsa della vita e dell'uomo

III evento : la comparsa dell'Intelligenza artificiale

Macchine automatiche, computer avanzati, programmi sofisticati, stanno invadendo anche quella che è rimasta l'ultima sfera di esclusiva pertinenza umana: il dominio della mente. Queste macchine pensanti sono in grado di svolgere funzioni concettuali e così facendo portano una *rivoluzione* in ogni struttura organizzativa della società ovvero *determinano nuove strutture portanti della società*, come *nuove organizzazioni familiari, statali, religiose, nuovi modi di produzione*. E nel fare tutto questo l'uomo modifica in maniera determinante il concetto di se stesso e della società.

Questi *grandi cambiamenti storici*, quelli che *alterano* in maniera radicale il modo in cui pensiamo ed agiamo, si manifestano impercettibilmente nella società fino a quando un bel giorno, all'improvviso, ci rendiamo conto di vivere un mondo completamente nuovo e osservando la gioventù che cresce ci rendiamo conto che un nuovo archetipo umano ha fatto la sua apparizione. L'uomo nuovo del 21° secolo è profondamente diverso da coloro che lo hanno preceduto, nonni e genitori borghesi dell'era industriale: questo uomo nuovo si trova a suo agio, trascorrendo parte della propria esistenza nei mondi virtuali del ciberspazio, ha familiarità con i meccanismi dell'economia delle reti, è meno interessato ad accumulare case di quanto lo sia a vivere esperienze divertenti ed eccitanti. Cambia maschera con rapidità per adattarsi a qualsiasi nuova situazione reale o simulata.

Lo psicologo Robert Lifton ha definito questa generazione "proteiforme". Il nuovo uomo proteiforme ha una percezione di se stesso diversa da quella dei suoi genitori e dei suoi nonni.

Se le generazioni del passato pensavano a se stesse come a gente di *"carattere"* o di *"forte personalità"* in conformità ai dettami dei valori della produzione prima e del consumo poi, la nuova generazione si percepisce come composta di *"interpreti creativi"* che si muovono con disinvoltura fra trame e palcoscenici, recitando le diverse rappresentazioni messe in scena dal mercato culturale. La nascita del Sé proteiforme deve molto all'incremento di densità d'interazioni fra persone, causata dai mezzi di trasporto e dai mezzi di comunicazione di massa, oltre che dalla vita urbana.

Il XX secolo è stato il secolo dell'urbanizzazione, i villaggi si sono trasformati in paesi, i paesi in città, le città in metropoli facendo aumentare per la prima volta nella storia le interazioni fra uomini. Ferrovie, navi, automobili, aeroplani, telefoni, radio, televisori hanno compresso sempre più spazio e tempo. Se 100 anni fa la cerchia delle conoscenze di una persona di rado superava le 100 persone in un'intera vita, nel 20° secolo la maggior parte della gente può incontrare questo numero di persone in meno di una settimana.

Il cambiamento delle relazioni umane impone agli individui *maggiore flessibilità*, impone la *capacità di adeguarsi* a contesti in continua trasformazione, a nuove circostanze, a diverse aspettative. Nelle *piccole comunità*, dove tutti si conoscono, il nucleo centrale del Sé di un individuo si forma in età giovanile e rimane coerente e prevedibile per tutta la vita. Nell'*ambiente più anonimo* e difficile *della grande città* l'individuo è costretto ad un mimetismo maggiore per reagire in modo adeguato alle molteplici opportunità che continuamente si presentano. Nel 19° secolo il senso del Sé era molto statico. Nel 20° secolo l'essere comincia a cedere il passo al divenire. Il cambiamento in atto nel concetto del Sé trova una *controparte* nell'*indebolimento della proprietà* come metafora onnicomprensiva per definire sia le relazioni individuali sia quelle sociali.

La metafora della proprietà è stata ancora più indebolita da quella che gli studiosi definiscono "caduta della coscienza storica" e avvento della coscienza "terapeutica". Per i capitalisti la fine della storia corrispondeva alla *capillare diffusione* della proprietà fra individui. Per i marxisti la fine della storia corrispondeva alla *dissoluzione del regime della proprietà privata*. Nonostante la radicale differenza entrambi consideravano i rapporti di proprietà la forza dominante della storia. Furono le *epoche* delle *grandi ideologie*. Nel 21° secolo essere produttivi, fare qualcosa di sé, valori che si coniugavano con una coscienza storica orientata alla produzione, comincia ad apparire assai noioso: la vita è troppo breve per sacrificarsi alla storia ed ad un benessere futuro soprattutto se il benessere e le soddisfazioni personali sono di immediata portata umana.

Mentre l'uomo storico si sacrifica nel presente e vive per il futuro, l'uomo terapeutico vive il presente ed abbandona ogni pretesa di missione storica. Si passa da un mondo in cui l'accumulazione di proprietà è misura del successo e del contributo di ciascuno alla storia, ad un mondo in cui l'accumulazione delle esperienze vissute è la misura dell'evoluzione psicologica e della ricerca di cambiamento di ciascuno.

Una volta, perseguire l'interesse personale significava "ricerca del guadagno e accumulazione della ricchezza" oggi significa ricercare il benessere del corpo e della mente. La coscienza umana ha gettato le basi per la nascita dell'uomo postmoderno. Un uomo coinvolto *più nel tempo che nello spazio*, impegnato in una dimensione temporale complessa ed interdipendente fatta di reti e di nodi.

Un uomo letteralmente sommerso dalle relazioni, alcuni virtuali altre reali, telefoni, cellulari,segreterie telefoniche, fax, e-mail. *Viviamo in un mondo in cui attrarre e conservare l'attrazione dell'altro è fondamentale e le relazioni di qualsiasi genere sono l'elemento centrale della nostra esistenza.* Il cartesiano "*cogito ergo sum*" è stato sostituito da un nuovo slogan "*sono connesso, dunque esisto*".

In questo mondo postmoderno fatto di reti e di relazioni emerge una persona nuova, costantemente alla ricerca di nuove esperienze da vivere, *così come* i suoi genitori e nonni borghesi erano alla ricerca di nuove proprietà da acquisire. La nuova era sarà caratterizzata dall' "Economia dell'esperienza".

L'industria dell'esperienza, una definizione che fino a pochi anni fa non esisteva e che comprende uno spettro di attività culturali che si estende dal turismo all'intrattenimento è destinato a dominare la new-economy. I creatori di esperienza formano un settore fondamentale. Diventeremo la prima civiltà della storia ad impegnare una tecnologia altamente progredita *per fabbricare* il più transitorio ed il più duraturo dei prodotti:l'esperienza umana.

Questa new-ecomomy comprenderà : viaggi, turismo, parchi e città a temi, centri specializzati per divertimenti e benessere, moda, ristorazione,sport, musica,cinema. televisione,mondo cibernetico. Le nuove industrie culturali creano un numero virtualmente infinito di trame per mettere in scena le esperienze di vita degli individui così come le industrie fornivano al consumatore una scelta pressoché infinita di beni da acquistare. I mercati sono saturi di "roba", prodotti della rivoluzione industriale. I consumatori oggi non si domandano "cosa voglio avere", ma si chiedono "cosa voglio provare", che non ho ancora provato. Possedere molte cose è considerato obsoleto ed inadatto ad un'economia veloce, effimera come quella che ci attende.

In questo scenario una delle caratteristiche di questa era è la vocazione teatrale. Le modalità di organizzazione reticolare, il marketing relazionale, le città tematiche, il turismo, la produzione culturale trasudano di teatralità.

Nell'era industriale l'uomo accettò il concetto darwiniano che interpretava la natura come campo di battaglia e la vita come lotta competitiva per accaparrarsi risorse scarse. Detenere una porzione di natura sotto forma di proprietà privata, rappresentava la situazione più elevata del percorso evolutivo.

In un'epoca strutturata attorno alla produzione culturale ed al consumo delle esperienze, la natura diventa un naturale palcoscenico per infinite rappresentazioni. La metamorfosi dell'uomo da lavoratore produttivo a consumatore informato ad attore creativo rappresenta il grande cambiamento nelle relazioni sociali.

Un numero crescente di giovani considerano loro stessi attori e la loro vita un'opera d'arte in via di realizzazione. L'industria culturale crea e sfrutta contemporaneamente la nuova coscienza. Da "gigantesca fabbrica" l'economia si sta trasformando in uno "sterminato teatro". Gli Shopping Malls sono spazi teatrali, palcoscenici elaborati sui quali si esercita la commedia del consumo. I promotori attingono a piene mani da Hollywood per la costruzione di questi ambienti, luoghi senza tempo, confortevoli ed anche un po' familiari per una generazione vissuta vicino alla televisione. La West Edmonton Mall in Canada è il più grande del mondo. Si può trovare tutta la cultura del mondo. Diverte e stupisce. Un mondo di sogno nel quale poter comprare, giocare, provare sensazioni. L'acquisto dei beni rappresenta solo un'attività collaterale..

Ogni business è showbusiness. I geni del mondo degli affari sfornano libri con titoli come : Il management come arte drammatica" oppure "Arte e disciplina della creatività". Nella nuova era l'industrioso cede il posto al creativo e l'attività aziendale viene definita sempre meno con i termini del lavoro ma sempre con quelli tipici del gioco. I giovani sempre più cresciuti davanti ad uno schermo avranno una natura proteiforme ed una coscienza teatrale, strumenti necessari per affrontare i molteplici e difficili ruoli che dovranno recitare nel palcoscenico elettronico. Milioni di rappresentazioni dovranno essere sceneggiate e recitate.

Nell'era dell'accesso questa produzione culturale sale al primo livello della vita economica mentre informazione e servizi scendono al secondo, la produzione al terzo e l'agricoltura al quarto. Tutti e quattro i livelli continueranno il processo di metamorfosi da un sistema basato sui rapporti di proprietà ad un sistema basato su relazioni di accesso. E tutti i quattro i livelli svolgeranno una parte sempre crescente delle loro attività in reti integrate di relazioni attive tanto nel mondo reale quanto in quello virtuale del ciberspazio.

Essere in grado di recitare e di essere trasformato diventa, dunque, la condizione sine qua non dell'esistenza. Questo lo scenario, i dibattiti sono tanti e a prescindere da qualsiasi ruolo che si assume nella società, l'uomo è vincente quando riesce a rimanere veramente individuato.

Le opportunità e le possibilità, se vivono il cambiamento, per i figli di questa era sono comunque superiori di quanto non lo siano mai state nella vita prima d'ora, nella vita di ciascuno di ogni tempo, nella storia dell'umanità.

L'intelligenza mortificata

Il lavoro è una potente forma di realizzazione, Primo Levi affermava "amare il proprio lavoro costituisce la migliore approssimazione concreta della felicità sulla terra: ma questa è una verità che non molti conoscono". Un volta si lavorava per il dovere di vivere, o sopravvivere. Ci si sacrificava, si subivano frustrazioni, umiliazioni per far studiare i figli e garantire loro un mondo migliore.

Oggi, in un'epoca molto meno rassicurante, i giovani progettano, sognano o si illudono di lavorare per fare qualcosa di bello e giusto, per rispondere ad una spinta interiore, per creare qualcosa. Il significato che il lavoro assume è sempre in rapporto alla cultura materiale, alla struttura sociale, ai valori che sono diversi nelle varie epoche storiche. Questo significato viene interiorizzato ed agisce come forza motivazionale che orienta il comportamento.

Negli USA dei primi anni del '900, in un contesto sociale che vedeva ondate immigratorie di masse di lavoratori di cultura contadina, che venivano convertite in lavoro industriale, il lavoratore vende la sua forza lavoro in cambio del danaro. Mutate le condizioni economiche del '900, il danaro non permette maggiore produttività e minore assenteismo. Il lavoratore si sente frustrato e non appagato.

Iniziano gli studi sulle risorse umane che ci dicono che l'uomo si sente soddisfatto nel lavoro solo se sente di aver realizzato qualcosa e con ciò se stesso; la possibilità di dare un senso al proprio lavoro e quindi alla propria vita.

Maslow ha dato un notevole contributo a questo tema con la sua " scala dei bisogni". La scala dei bisogni dell'uomo comprende: bisogni fisiologici, di sicurezza, sociali d'appartenenza, di stima ed autostima e di realizzazione. Quanto più basso è il bisogno, più esso è essenziale per la sopravvivenza e tanto prima si manifesta. Quelli superiori non appaiono se non sono adeguatamente soddisfatti gli inferiori. Più si sale di grado più si hanno bisogni superiori e quindi si ricerca una vita più ricca e stimolante. Questi studi si sono oltremodo approfonditi con il ciclone informatico. Quest'ultimo ha messo in crisi i modelli tradizionali delle organizzazioni ed ha imposto una ristrutturazione economica e produttiva nonché dei ruoli del potere e dell'autorità, che non è più centrata al vertice dell'organizzazione piramidale, ma si è spostato sempre di più verso il basso.

Il cambiamento radicale si osserva anche nella concezione di spazio e tempo, mettendo in crisi le economie di mercato nazionali a favore di una economia globale delle reti. Assistiamo al passaggio dal modello di scambio del mercato al modello di network, un sistema di comunicazione ed informazione complessa, capace di collegare un alto numero di utenti. La rete, il network, è la nuova struttura che consente di organizzare l'interdipendenza e che soppianta il millenario schema della gerarchia, sul quale si sono modellate le organizzazioni autoritarie. Le reti operano sulla base di principi totalmente differenti da quelle dei mercati, che per loro natura sono luoghi di scontro, dove si cerca di massimizzare il profitto a spese dell'altra parte.

In una rete ogni parte è dipendente da risorse controllate da altre parti diventando tutti insieme entità impegnate, per un certo periodo, in una attività condivisa. Si tratta di una "economia cooperativa" dove si strutturano gruppi di lavoro centrati sul raggiungimento di un obiettivo comune.

Le chiavi di successo di un network sono la reciprocità e la fiducia, ogni membro della rete agisce in base alla presunzione di "buona fede" avvertendo l'obbligo di cooperare ed assistere, anziché sfruttare a proprio vantaggio le altre parti in causa. La fiducia è al centro delle relazioni reticolari. Il cuore del modello del network è il sentimento di lealtà: la sensazione di "essere tutti sulla stessa barca" e di dover fare ogni sforzo per sostenere gli altri quando le cose vanno bene, ma anche quando vanno male. Si tratta di una rivoluzione.

I tradizionali meccanismi della legge della domanda e dell'offerta sono tramontati, creando delle situazioni di destabilizzazione di equilibri che apparivano consolidati. Interi settori produttivi hanno conosciuto una rapidissima ed imprevista obsolescenza provocando la scomparsa di intere categorie professionali anche di alta specializzazione, nel contempo ha generato nuove professionalità innovative ed ha inventato figure del tutto inedite. Eserciti di addetti si sono destabilizzati in una situazione di perdita di ruolo nel quale si riconoscevano e si ritrovavano. Come dice Domenico Masi, soprattutto in occidente, si sta vivendo una fase di sviluppo "senza lavoro". Si rende necessario, per tutti, un processo che implica l'adesione consapevole ad un nuovo sistema di valori che spesso sono in contrasto con abitudini già stratificate, che hanno una loro "forza", che finisce di ostacolare ogni sorta di innovazione.

Questi mutamenti radicali, la comparsa di nuovi valori hanno un rapporto diretto con la ricerca di una nuova qualità della vita e con la necessità ed il bisogno di autorealizzazione della persona. Sono scardinate le vecchie logiche professionali più meccaniche e ripetitive. Conoscenze, capacità intellettive, emotive e competenze vanno continuamente adeguate ad un mondo del lavoro che cambia, ma nello stesso tempo viene concepito su misura per ogni singolo individuo immerso nel sistema che cambia, per aiutarlo a diventare "imprenditore di se stesso", esprimere le proprie capacità, attitudini, preferenze.

Si sviluppano nuove tecniche a livello psicologico, utilizzate a livello privato ed a livello pubblico come ad esempio nei Centri per l'Impiego. Esse si posizionano su un processo di autoapprendimento, di autodirezione, non condizionato, in cui molta importanza viene data alla personale consapevolezza delle scelte, ed alla espressione delle proprie capacità intellettive, che migliorano la performance e la qualità della propria vita. Si tratta del counselling, mentoring, coaching che hanno un denominatore comune "la centratura sull'autoconsapevolezza".

Il lavoro, un'occupazione, contribuisce alla formazione dell'identità personale e sociale. L'evoluzione lavorativa è un processo molto complesso che inizia dall'infanzia e si prolunga durante tutta la vita lavorativa. Le diverse esperienze fatte a casa, a scuola, in gruppo hanno un influsso sul futuro lavoro, perché condizionano lo sviluppo delle capacità, le aspettative, il modo di comportarsi di coloro che affrontano il mercato del lavoro. Un mercato decisamente difficile da cogliere, non compreso oggi soprattutto da quelle personalità che sono state educate alla sottomissione dell'autorità, alla sopportazione senza recriminazioni di occupazioni noiose e mortificanti, a quel "posto sicuro" per tutta la vita. Una vita caratterizzata da uno schema rigido e generalizzato di ripartizione tra tempo attivo e tempo vuoto, nella scansione tra periodi festivi e di lavoro, tra domeniche e giorni feriali, tra ore di chiusura e di apertura.

La rivoluzione del tempo e dello spazio apportata dalle nuove tecnologie ha sdrammatizzato la separazione tra tempo di lavoro e tempo libero ed ha offerto la concreta occasione di superare l'attuale angosciosa separazione della vita dell'uomo nelle tre età: pre lavoro, del lavoro, post lavoro. L'età del prelavoro con l'affannosa ricerca del lavoro del giovane. L'età del lavoro con i suoi vincoli: il lavoro che divora la vita. L'età del post lavoro: la morte civile del pensionamento.

Il ciclone informatico ci disorienta, ma ci prospetta anche una vita con una occupazione permanente attraverso il life long learning, un apprendimento per tutto l'arco della vita, una vita associativa liberamente organizzata che scorre parallelamente alla vita privata, secondo ritmi e condizioni dettate dalle scelte autonome della persona. Una possibilità di esplorazione, comprensione, ed espressione delle proprie capacità intellettive a qualunque età. Con la rivoluzione informatica l'umanità ha a disposizione uno strumento formidabile di liberazione e di riappropriazione del tempo.

Il tempo liberato non deve corrispondere ad un tempo vuoto ma ad un tempo "ricco" di gratificazioni esistenziali. Se il tempo libero viene impiegato in maggiori consumi, il tempo s'impoverisce non si arricchisce. Il tempo liberato ridiventa alienato. Ed il cerchio si chiude. Da questo cerchio si può uscire se il tempo libero viene impiegato in attività autosufficienti, materiali, culturali, spirituali.

Già si possono cogliere queste tendenze in quell'impulso alla vasta gamma " fai da te", in quei bisogni d'istruzione e di apprendimento sentiti come "interna necessità", in quella spinta ai rapporti disinteressati ed altruistici, che si esprimono in attività di volontariato nei vari campi d'attività: ecologico,naturalistico territoriale,sanitario assistenziale, attraverso la costituzione di forme associative motivate da fedi religiose, da tendenze filantropiche, da ideali politici, espressioni artistiche, attività di puro attivismo esistenziale. Attività informali sottratte ai sistemi ed alle strutture innovative economiche ed amministrative. Sono attività non finalizzate al lucro che sviluppano una nuova dimensione sociale, che si integra e coesiste con i nuovi sistemi emergenti.

Attività informali ed autosufficienti ci sono sempre stati, ma oggi sono dettate da scelte individuali, sono espressioni della propria intima natura, non sono imposte da legami familiari o condizionate da fedi religiose. Esse esprimono una scelta sociale ed individuale nella quale la personalità cerca il suo autentico compimento. Queste attività possono disporre di un formidabile supporto di tecnologie avanzate. Infatti uno degli aspetti più sorprendenti della rivoluzione informatica è la "miniaturizzazione "delle tecniche che arriva ad organizzare " imprese domestiche" di autoproduzione, autoconsumo, in un circuito di comunicazione capace di collegare un alto numero di utenti. Un campo aperto alla multiforme ed imprevedibile fioritura di iniziative che nutrono l'intelletto e ricreano lo spirito.

La possibilità di espressione del potenziale creativo esiste per tutti a qualunque età. Occorre solo entrare nel terreno culturale dell'approfondimento , della conoscenza e della disponibilità verso il prossimo. E' facile oggi essere " fatti fuori " dal sistema produttivo per motivi totalmente slegati dalla qualità del proprio lavoro. Si è comunque " fatti fuori " per il raggiungimento di un'età pensionabile. E' il modo in cui viene vissuto e metabolizzato questo fatto, molto spesso traumatico, che fa la differenza e crea la premessa per una rinascita professionale ed esistenziale. Quello che conta veramente è non essere "fatti fuori" dentro". Non spegnere la lampadina. La lampadina interiore. I tempi sono cambiati, lo stato generale di salute dell'individuo è migliorato, la vita si è allungata. Vecchi sono quelli che nella ritrovata libertà del pensionamento continuano a guardare indietro alla vita passata , continuano a parlare degli ex capi, ex colleghi raccomandati, a discutere ossessivamente di politica di cibo e di salute. Vecchi sono quelli che si accontentano di modeste soddisfazioni, come giocare a carte e fare una passeggiata. Vecchi sono quelli che passano le giornate a pensare di essere vecchi.

A 84 anni l'ingegner Lazzari non è vecchio. Lavora tutto il giorno. Un'ora di palestra al giorno, 8 ore di sonno per tornare a lavorare fresco al mattino dopo. Quando andrà in pensione ingegnere? Mai e ride. In verità in pensione lui ci è andato 22 anni fa dopo quasi 40 anni nella Teti e alla Stet. Ma è un pensionato solo per l'I.N.P.S.. Perché Maurizio Lazzari è uno di quelli che non mollano mai. " Potevo rimanere al lavoro ancora due o tre anni ma non mi facevano fare nulla d'innovativo. Allora me ne sono andato. Ho aperto una partita IVA e per la prima volta sono diventato imprenditore". In effetti in azienda non c'era più lavoro per lui. Se l'è fabbricato lui il lavoro, da solo. "Sono sempre stato avanti di 10 anni. Progettavo modem e sistema di trasmissione dati a distanza quando Internet non esisteva." Sulla sedia imbottita del suo salotto di casa non lo tieni proprio seduto, va e viene dalla libreria, sparpaglia sul tavolo i suoi brevetti con l'entusiasmo di un bambino che mostra la sua collezione di figurine. La sua impresa si chiama " Cogito" produce e vende manuali d'istruzione informatiche. " I manuali in commercio sono scritti da cervellotici incompetenti, io insegno Excel in 30 pagine.". Quattro computer sempre accesi in una linda stanzetta. "Qualche volta mi danno una mano i miei quattro figli". Poche ferie tra terme e mountain –bike, qualche partita a bridge. L'ingegner Lazzari non fa soldi. Molti dei suoi introiti li regala alle Onlus del volontariato o agli ex tossicodipendenti a cui insegna computer ogni pomeriggio gratis, d'accordo con le Asl.

" Il mio vero lavoro è cominciato a 55 anni. Senza più preoccupazioni di carriera, nessuno ti dà ordini, lavori quando e quanto ti pare. Fantastico!." Il lavoro eterno e liberato dell'ingegner Lazzari ha il sapore dell'utopia. Lazzari sa di essere privilegiato. "Ho studiato le cose giuste per tempo e mi sono trovato 10 anni in avanti".

Ma anche un insegnante, un impiegato, un artigiano ha un suo patrimonio disponibile d'esperienza che messo insieme agli altri può essere utile. Ciascuno di noi è un singolo volume di una grande enciclopedia: perché nessuno ci sfoglia, perché ci lasciamo chiusi su uno scaffale?

Attraversare la vita

Aldo Carotenuto nel libro "Attraversare la vita" riflette sulla vita e sul destino dell'uomo, dando delle risposte personali a quelli che sono i ricorrenti temi esistenziali. Perché il dolore, perché la vita, qual è la meta? La vita è un viaggio esistenziale, che è sempre e comunque un percorso individuale. Un viaggio circoscritto che, ad un certo punto, quando si rallenta la corsa, gli occhi cominciano a vedere le cose con distanza, si ridisegna il presente e si sente la necessità di fare della propria esperienza personale un'opera d'arte universale. Ci si racconta e si costruisce un mito attorno alle proprie pene. I percorsi si tracciano, si disfano, si ricollegano, fino a quando si raggiunge una coerenza interna che, alla fine, ne mettono in luce il valore ed il significato. Così col tempo, "i dolori e le pene si trasformano in gesta eroiche; gli errori in incidenti del mestiere; i nemici in valorosi avversari". Certo, per poter raggiungere questa "leggerezza", che ci solleva in alto, bisogna spogliarsi di panni vecchi, liberarci del fardello delle nostre miserie. Ci si comincia a liberare di tale fardello nella prima parte del cammino della vita, quando l'uomo è impegnato faticosamente a disabituarsi alle vesti ed alle insegne che qualcun altro gli ha affidato.

Lo studio della psicologia evolutiva ci insegna che la qualità del nostro "essere nel mondo" si decide nelle prime fasi dello sviluppo infantile. Attraverso la relazione del bambino con chi si prende cura di lui, si designerà la cornice cognitiva ed affettiva della sua vita futura. Il momento che cominceremo a confrontarci consapevolmente con questo progetto, con questo imprinting relazionale, in cui ovviamente non possiamo sentirci responsabili, sarà il giorno di un'amara scoperta: sembra che i giochi siano già fatti ed a noi non rimane che vivere, subendo le nevrosi e le distorsioni psicologiche di coloro che ci hanno allevato. Dinanzi al "verdetto" sancito alla nostra nascita che segna l'appartenenza all'universo di qualcun altro, quello della nostra famiglia, il futuro è l'unica prospettiva che ci dovrebbe appartenere e che attiva ed incentiva le nostre forze. Solo nel pensarci diversi da quello che siamo abbiamo l'opportunità di costruire il nostro domani: per differenziazione. La psiche vive nella progettualità, in un cammino costellato di obiettivi e desideri. Ma nella nostra possibilità di pianificare il futuro, c'è un mondo, quello degli affetti e dei sentimenti, che si sottrae a qualsiasi disegno programmatico e chiama sempre in gioco volti e fisionomie del passato.

Nel campo degli affetti si gioca una buona parte della nostra esistenza, perché nulla di duraturo e significativo può essere realizzato se non abbiamo un affetto con cui condividerlo. La sensazione di appartenere al mondo ci viene soltanto dal sentirci pensati dal nostro "oggetto" d'amore. E qual è la vera sofferenza dell'anziano se non la perdita di questa esperienza?

Dunque, le coordinate di riferimento che abbiamo incontrato all'inizio della nostra vita rimangono costanti, lo sguardo di chi ci teneva tra le braccia, il tono di voce, gli odori, andranno a rappresentare un imprinting specifico che costituirà il nostro modello cardine, un modo caratteristico di stare in relazione con se stessi e con gli altri. Un modo per lo più inconscio che orienta il comportamento ed il sentire di ciascuno. Anche le norme sociali, i simboli culturali, i valori etici, vengono interiorizzati, diventano ovvi come una seconda pelle. Ma è proprio contro questa ovvietà che ha inizio la nostra lotta. L'ovvio ha sempre un valore collettivo.

La vita , così come ci viene "data", a partire dai primissimi anni, scorre come un fiume stretto tra i suoi argini: dall'utero materno alla culla, e dalla culla all'alveo dei "buoni costumi" abbiamo sempre una pista già tracciata da seguire. Così sembrerebbe. Sembrerebbe anche da una divulgazione superficiale che la scienza avvalori la tesi di un destino anche dell'uomo deterministicamente assegnato. In realtà la scienza non ha mai avuto la pretesa di raggiungere certezze assolute. Le certezze sono ciò per cui ogni uomo, anche se pochi lo ammettono, si dibatte nella vita: l'impiego "sicuro", l'amore eterno, una salute inalienabile e paradossalmente è proprio ciò che non potrà mai avere. L'unica certezza esistente è l'assenza di certezze..

Ora, davanti ad una simile prospettiva, si hanno due possibilità: perseguire la falsa sicurezza di ciò che è ovvio o rivolgersi verso l'ignoto con spirito avventuroso. Questo universo di certezze comincia a declinare durante il periodo della adolescenza , quando l'esigenza di individuazione è più forte; si dubita delle certezze acquisite, si vede sconvolto l'universo di valori che, fino a quel momento, aveva funzionato bene. Ma questo momento di disordine e di sconvolgimento può presentarsi più volte nella vita, nell'insofferenza verso le tradizioni, nel piacere di emozioni forti. Sono momenti in cui ci si sente diversi e questa diversità è sentita come liberazione, ma anche come una condanna: una nuova strettoia. E' come appartenere a due mondi discordanti. Ma l'insorgere di dubbi ed incertezze non dovrebbe rappresentare necessariamente una crisi, perché il farsi domande rileva l'avvio ad un processo di crescita legato ad un momento fondamentale della vita.

La solitudine di questi momenti, l'infelicità di questi momenti, rappresentano la "porta stretta" dell'individuazione del divenire se stessi. I punti di riferimento iniziali non sono più utili, il linguaggio insufficiente. Il passaggio verso nuovi punti di riferimento è un percorso impervio, perché le antiche certezze conservano un forte potere di attrazione: offrono la protezione del collettivo ed evitano i vacillamenti del dubbio. Questo percorso può comportare anche trasgressioni grossolane, rotture brusche nella ricerca di nuove strade. In questa tensione, in questo conflitto con il tempo, piano piano, prenderà forma un'opera, che è davvero plasmata su quella irripetibile individualità. Il conflitto è intrinseco alla nostra esistenza e la responsabilità dell'opera è nostra. Spesso nella polarità del conflitto si rimane vittima dell'impasse. Scegliere, distinguere è difficile.

Spesso nell'impossibilità di vedere e di cogliere, al momento giusto, la propria possibilità di sviluppo, delusi e sacrificati, ci si tiene al di qua della vita come nascosti, appartati. Si ha una visione distorta dei propri limiti, legata a ciò che già siamo invece che a ciò che ancora non siamo. Quando sentiamo l'insufficienza della vita che ci opprime, senza più nutrirci, abbiamo la percezione di essere in un momento di morte, di sconfitta, ci rifugiamo al passato. Scegliamo una dipendenza pur di non chiedersi "Che fare", con tutta la responsabilità che una simile domanda implica. E' un percorso di autoconoscenza, dove l'uomo è misura di tutte le cose. Conosco nella misura che ho vissuto. La riflessione su se stessi è un compito difficilissimo che viene attivato per alcuni solo in determinate circostanze di vita.

Dunque il viaggio che attraversa la vita è l'esperienza di un singolo uomo ed il suo modo di vedere il mondo. E' l'esperienza di un dolore che chiama, che permette la chiusura nei luoghi più lontani e meno frequentati della psiche, in un viaggio che al tempo stesso si traduce in un respiro nuovo.

"Nella solitudine e nell'abbandono dell'esteriorità riemerge inaspettata la melodia: la melodia di un violino che soggiace inavvertita al frastuono delle campane". E' allora che nel dolore, nello stato depressivo che svuota di senso il mondo circostante, ci poniamo la fatidica domanda: "Cosa voglio fare?" E' proprio la forza travolgente e fiaccante di un non-senso che si insinua nell'esistenza che ci fa vacillare, ci fa crollare le certezze a cui ci eravamo affidati.

Il dolore allora diventa la più grande risorsa che la vita può offrirci. Ci permette di sentire una voce che chiama, o meglio, richiama, un po' come il nostro primo vagito alla vita. Quanti avranno il coraggio di ascoltarla? "Molti sono i chiamati, ma pochi sono gli eletti".

Molte volte rifiutare un passo decisivo significa letteralmente "no" alla vita perché "vivere significa imparare a lottare per il rispetto delle proprie inclinazioni".

La vita psichica ci pone sempre di fronte ad un conflitto, sarebbe estremamente povera se non ci ponesse di fronte a scelte, a possibilità vere ed infinite. A volte la tensione è esasperante, ma è proprio di quella tensione che si alimenta la psiche. Fin quando si continueranno ad evitare tensioni psichiche, non potremo che vivere una vita a metà, fatta di piccoli espedienti e di inutili frustrazioni

L'ansia di rinnovamento invece è una tensione che ci permette di restare vivi. Le persone vive, infatti, sono sempre sotto tensione e mettono continuamente in discussione ciò che fanno. La conflittualità che non viene negata, alimenta una tensione che ci fa rimanere giovani. In questo senso si può diventare vecchi anche a 20 anni se si rinuncia ad esprimere una propria volontà autonoma. Sappiamo che le scorciatoie non pagano nella vita pratica e tanto meno sul piano psichico. Tutto ciò che è frutto di un regalo, che è gratuito, non serve a nulla per il progresso della nostra vita psichica.

La vita è composta di molti esseri spaventati per i quali sopravvivere è preferibile alla vita. Ci sono quelli che invece di lottare si isolano, si alimentano di fantasticherie, ci sono quelli che vivono di rendita senza mai aver scelto un mestiere, quelli che optano per gli universi artificiali, coloro che attendono la fortuna al gioco, coloro, infine, che si adattano acriticamente alle richieste del collettivo senza mai esporsi in prima persona, senza mai svestirsi dai panni del "bravo" cittadino: diploma a 18 anni, laurea a 23, lavoro sicuro, matrimonio e figli. Se questo è il sopravvivere, vivere cosa significa? Cosa comporta? Cosa accade a chi sceglie la vita? Sicuramente di venire sedotti dalla vita. Cosa significa?

Essere sedotti significa etimologicamente essere "condotti altrove" e il percorso della nostra esistenza è altamente seduttivo: essa ci conduce "altrove" rispetto alle nostre attese, progetti, costruzioni, ad ogni cliché.

Sopravvivere significa tutelarsi dalla vita, significa respirare la vita utilizzando la minima capienza polmonare. Si rifiutano incertezze e rischi.

Rischiare significa poter fallire e chi abbraccia la vita e se ne lascia sedurre, spesso fallisce!

Kierkegard diceva che l'angoscia è il sentimento dell'uomo che si assume la libertà della scelta: è la prova del fatto che l'esistenza umana è pura possibilità. Ogni possibilità non è mai garantita dal successo: le scelte possono rivelarsi sbagliate, le fiducie mal riposte, i sogni mere fantasie, i progetti possono fallire. E proprio all'essere psicologico è richiesta la fede nelle possibilità dell'esistenza, l'assunzione del rischio, la scommessa con il tempo. Certamente scegliere la vita è " vivere senza vie di scampo". Scegliere significa saper accettare la prevalenza del sentimento su qualsiasi altro ragionamento.

I sentimenti vincono sempre, ma hanno il difetto di essere riconosciuti, nella loro importanza, solo molto più tardi rispetto all'evoluzione della vita, alle sue conquiste, ai suoi valori apparentemente vincenti. Ciò può accadere perché abbiamo paura di confrontarci con noi stessi, abbiamo paura di incontrare il volto del nostro vero nemico, la componente autodistruttiva che rende infernale la nostra stessa vita.

Il viaggio interiore ha il difficile compito di dover mediare tra poli opposti. Da una parte i valori collettivi con il loro carico di divieti e sanzioni responsabili del senso di colpa, - le cosiddette "tavole della legge" e dall'altra una personalità autonoma che, di volta in volta, evolve ed elabora i precetti della società, trasformandoli nelle "tavole individuali" delle leggi interne. Il viaggio interiore conduce le persone a concentrarsi sul proprio Sé. Ciò significa essenzialmente di liberarsi della colpa di esistere, "fare del proprio desiderio un campo fecondo da coltivare e di cui godere insieme a coloro che si amano". E' un lavoro in cui si cerca la libertà ma all'interno di un sistema di necessità. E' necessario prima adattarsi alla realtà per poterla poi criticare e mutare. Il disadattato è un infelice, tanto quanto il conformista. "Chi vuole vivere e non sopravvivere deve sopportare una tensione costante tra necessità di adattamento e bisogno di espansione creativa".

Ed espandersi vuol dire anche fare spazio a sentimenti e scelte che non sempre sono "in regola". Nel nostro viaggio interiore non possiamo attingere a nulla se non a noi stessi. Le esperienze e i consigli altrui non ci saranno di nessun aiuto perché le regole e l'orientamento sono soltanto il risultato di un viaggio individuale in cui non è mai sufficiente capire le cose, occorre viverle a livello esperienziale, vivere "la passione".

Questo perché la comprensione non è mai un atto solo intellettuale, ma il punto di fuga di parallele che si congiungono all'orizzonte, il pensiero ed il vissuto, la ragione e l'emozione. In questo modo ognuno arriva a conoscere la sua via di mezzo, la misura oltre la quale ogni compromesso diventa tradimento. Perdiamo la via di mezzo perché per poter convivere è necessario sapersi confrontare con l'altro, cedere, armonizzare i bisogni, o almeno tentare.

Dall'incontro con l'altro, dal confronto e dalla lotta saprò "chi sono" e "cosa desidero". L'individuazione è una potenzialità, e in una certa misura è il risultato di un impegno, è una conquista individuale.

Il tradimento delle potenzialità del Sé porta verso il fallimento ed ad una dolorosa dissonanza interiore, come nel caso del giovane costretto a realizzare l'ambizione dei genitori, il loro sogno mancato. Paradossalmente quell'uomo sarà come suo padre, un fallito, un mediocre, una persona svuotata di Eros. Qualsiasi opera grande, dal capolavoro d'arte al professionista di gran fama, nasce dall'Eros, dalla passione del cuore, da una motivazione personale che anima una pagina scritta, altrimenti inerte ed uguale a mille altre. Dunque e per concludere, ciò che Carotenuto propone come modalità di "attraversare la vita", come impegno a trovare le proprie verità interiori, passa necessariamente per una separazione dai canoni collettivi, dalle leggi altrui, che non vuol dire negazione degli stessi e tantomeno fuga dal rapporto con gli altri, ma accettazione e consapevolezza dei limiti ovvero il raggiungimento di una coscienza superiore, non tanto in base alle "conquiste" ed alle sconfitte, ma in base al "contatto armonioso" con gli esseri e con le realtà viventi.

Capitolo 9
QUANDO L'ASCOLTO E' UN'ARTE PREZIOSA.

L'arte di saper ascoltare

Ascoltare non è un bisogno che sentiamo ma un dono che facciamo all'altro. L'uomo ha bisogno di essere ascoltato e quindi di essere capito, la disponibilità ad ascoltare è il primo passo per costruire una relazione efficace. In questo nuovo mondo l'acquisizione di un sapere relazionale, ovvero di una capacità comunicativa, interpersonale e di lavoro di gruppo è una competenza trasversale presente nella maggior parte dei nuovi profili professionali identificati dall'ISFOL: Istituto di formazione del Ministero del Lavoro. Il processo di apprendimento di tale competenza è frutto di un lungo itinerario di ricerche e studi che approdano in un metodo con cui si riesce a padroneggiare la serie di variabili e di situazioni che si presentano nel corso di un colloquio dove " empatia" ed "autenticità"giocano un ruolo fondamentale per la comprensione dei problemi dell'altro. I riferimenti teorici di questa ricerca sono la psicologia umanistica nei nomi di Maslow, Pearls, Fromm, Rogers, Gordon, ed il pensiero fenomenologico ed esistenzialista nei nomi di Husserl,Heidegger. Sono loro infatti che hanno scosso il mondo occidentale ormai adagiato sulle certezze della " Scienza Positiva" che crea verità inconfutabili. Per Husserl e Heideggar non esistono certezze fuori dalla coscienza dell'individuo, tutti e due si lanciano in una profonda analisi della coscienza che ognuno di noi ha di se stesso. Si tratteranno di riflessioni che muteranno profondamente il corso della psicologia. Da questi influssi nasce la psicologia umanistica il cui maggiore esponente sarà Rogers.

Rogers affermava che in ogni individuo esiste in potenza una capacità innata di autoregolazione che chiama " tendenza attualizzante" oltre che una capacità d'adattamento e di riflessione personale che va potenziata attraverso un processo autonomo. Nella relazione d'aiuto l'attività professionale dell'operatore può consentire tale processo avendo lui acquisito le attitudini necessarie quali:

1. congruenza
2. accettazione incondizionata
3. empatia

Sono queste attitudini che costituiscono uno strumento essenziale per comprendere tutti i messaggi che provengono dall'altro, oltre l'ambito puramente verbale e razionale. Si tratta di andare oltre le parole, cogliendo il tono, la postura del corpo, l'atteggiamento, la mimica, allo scopo di "leggere" l'interiorità dell'altro.

Oggi quasi tutte le professioni, dal medico all'insegnante, dall'avvocato all'operatore turistico, basano molto parte dell'efficacia del proprio intervento nella capacità di conduzione di un colloquio e di costruzione di una relazione interpersonale. E' necessaria una formazione per essere capaci di ascoltarsi ed ascoltare l'altro, per comprendere ciò che accade hic et nunc.

Il pressappochismo e l'improvvisazione ci vedranno sempre inevitabilmente proiettare nelle relazioni le nostre difficoltà, i nostri complessi personali e dunque non si potrà capire l'altro.

Un buon inizio è partire dalla tecnica ASCOLTO ATTIVO, proposta da Gordon che permette all'altro di comunicare il disagio e favorisce l'attivazione di risorse adeguate per superare conflitti e disagi. Chi comunica ascolta e si ascolta cerca di sentire e decodificare i moti intrapsichici che la relazione con l'altro gli provoca. L'altro ascolta ciò che gli viene detto ma anche come gli viene detto.

L'ascolto deve essere vigile, concentrato sulla persona, sul suo sentire non su quello che gli vuoi dire. Deve offrire messaggi di accoglimento sia verbali quali "ti ascolto, sto cercando di capire", che non verbali: cenni del capo, sguardo, sorriso. Deve offrire inviti calorosi, messaggi di approfondimento, per esempio "dimmi, spiegami meglio". Nell' ascolto attivo chi ascolta "riflette" il contenuto del messaggio dell'altro e lo restituisce con parole proprie. Questa restituzione riflette non solo il contenuto, ma i sentimenti espressi del comunicante e percepiti dall'ascoltatore, cioè il contenuto emotivo della comunicazione.

Riformulare ciò che dice colui che comunica offre materiale associativo che aiuta l'altro a capire il loro problema, a mobilitare risorse per risolverli. Chi parla si esprime, si sente compreso e soprattutto non si sente giudicato. Acquista, pertanto, fiducia in se stesso e si motiva ad investire le proprie energie per risolvere i problemi.

Per ricordare i punti salienti della conduzione di un colloquio di Rogers si propone l' acronimo VISSI , che indica ciò che non si deve fare per comprendere l'altro in una relazione d'aiuto.

NON: VALUTARE

INDAGARE

SOSTENERE

SOLUZIONARE

INTERPRETARE

Oltre all' ascolto attivo, Gordon propone un'altra tecnica che definisce "Messaggio IO". Esso è efficace quando l'individuo si trova in difficoltà a causa di un comportamento di un altro con cui entra in conflitto. Tale tecnica consiste nell'esplicitare i propri sentimenti relativamente a ciò che crea disagio. Un esempio è il bambino che interrompe con insistenza una conversazione di due adulti, quali madre e pediatra.

Il messaggio non dice "Tu sei cattivo" ma dice "Faccio fatica a parlare se…". Il messaggio non esprime nessuna valutazione sulla persona che compie l'azione ma lo pone di fronte agli effetti del suo atto e ai sentimenti che esso provoca. Migliorando il processo di ascolto, si evita altresì di scambiare per comprensione quella che è in realtà una nostra interpretazione, cioè una proiezione dei nostri significati e valori sulle parole e sulle emozioni di un'altra persona.

Quando si riformula si sottolinea un aspetto non chiaro su cui si sollecita la riflessione. Il chiarimento progressivo ha la finalità di riattivare la capacità decisionale e l'autonomia del soggetto.

L'arte di saper parlare: comunicazione assertiva, comunicazione strategica.

Comunicazione assertiva.

La comunicazione verbale è molto importante e bisogna utilizzarlo in modo assertivo perché sia veramente efficace. Questo è possibile quando proviamo stima per noi stessi e riconosciamo i nostri limiti, in poche parole ci apprezziamo per ciò che siamo e siamo onesti con noi stessi.

Alberti dice "Comunicare assertivamente, ovvero saper parlare è ...dire la verità".

Il termine assertività deriva dal latino asserire. Quando una persona asserisce qualcosa lo afferma con convinzione e tenacia pienamente convinto di ciò che sostiene. Convinzione delle proprie opinioni, emozioni e mancanza di remore a esprimerle con la completa responsabilità di quella affermazione.

Il concetto di assertività si lega a quello di responsabilità. Il comportamento assertivo è collocabile al centro di un segmento ai cui estremi c'è il comportamento passivo e quello aggressivo.

Per comportamento passivo si intende quello di chi subisce le situazioni assumendosi la responsabilità anche di eventi che non lo riguardano. Il comportamento aggressivo è di quel soggetto che tende di affermare se stesso con arroganza e prepotenza senza tenere in considerazione opinioni ed esigenze altrui; il comportamento assertivo implica la consapevolezza dell'amore per se oltre che il rispetto per gli altri.

Alla base di una comunicazione assertiva è necessaria la capacità prima di riconoscere le proprie emozioni, poi di poterle esprimere attraverso le parole e il corpo. Poi avere consapevolizzato i diritti della persona. Ognuno ha il diritto di fare qualsiasi cosa purché non danneggi nessun altro, ha il diritto di mantenere la propria dignità, ha il diritto di fare richieste all'altro e l'altro ha il diritto di rifiutare. È riconoscere il diritto alla reciprocità. "Nessuno può manipolare le nostre azioni o il nostro comportamento se noi non gli permettiamo di farlo".

L'individuo assertivo è colui che ha un'immagine positiva di se ma conosce i propri limiti, ha buone capacità di autocontrollo e di intervento sulle situazioni critiche e di risoluzione dei problemi.

La comunicazione strategica

Il linguaggio ha un non so che di eterno: "In principio era il Verbo". Tramite la parola sono nate e sono state condivise le regole (ubi societas ibi ius). È nata così la conoscenza del mondo. La forza del linguaggio è una forza creativa che l'uomo mette in campo e, attraverso il proprio carisma e la propria leadership genera sogni e progetti condividendoli per costruire nuove realtà.

Nell'era della conoscenza sogni e progetti si costruiscono insieme. "L'unità base del lavoro produttivo è la squadra, non più l'individuo". La forma più elementare di lavoro organizzativo di squadra è la riunione, un appuntamento continuo. Ogni volta che più persone si riuniscono per lavorare come gruppo, sia che sia ai vertici, sia per mettere appunto un prodotto, condividono determinati talenti: abilità nel parlare, empatia, creatività, competente tecniche.

Il segreto del successo del lavoro di gruppo è l'armonia interna. Per raggiungere l'armonia sociale occorre consentire a ciascuno di valorizzare il talento degli altri. Dove c'è disturbo emotivo – sociale - paura, astio, rivalità, risentimenti i membri sono incapaci di esprimersi al meglio delle loro potenzialità. Apatia, disimpegno, spossatezza dovuta a stress, mettono fuori uso le aree prefrontali del cervello, sede della comprensione, concentrazione, apprendimento, creatività.

Una persona a disagio non ricorda, non comprende, non impara. "Lo stress rende stupidi".Prima dei radicali cambiamenti, quando il dominio era verticale prevaleva il capo che sapeva maneggiare le persone come oggetti. Ma questo capo è un fossile del passato. Il futuro del mondo aziendale è tutto nelle abilità interpersonali. Saper entrare in sintonia con le persone che ci circondano, saper gestire le situazioni di conflitto è la conditio sine qua non della leadership.

Leadership non è sinonimo di dominio, ma è l'arte di persuadere gli altri a cooperare in vista di un obiettivo comune. Il leader sa parlare, di fronte a un risultato negativo non dice : "*Stai combinando un casino!*" magari con tono brusco, spazientito, ironico perché sa che queste parole avranno effetti devastanti sulla motivazione, energia e produttività del destinatario. Le critiche inopportune sono la principale ragione di conflitto sul posto di lavoro che provocano sospetti, rivalità, dispute e dissapori.

Il leader sa produrre una critica costruttiva, con tatto che non induce rabbia e ribellione, ma stimola al miglioramento delle cose e fornisce indicazioni perché questo avvenga. Il leader ha imparato a usare la comunicazione strategica.

La comunicazione strategica permette di migliorare la risposta che si ottiene dall'altro condividendo con quest'ultimo una nuova o più adeguata rappresentazione della realtà rispetto agli obiettivi che entrambi i comunicanti perseguono. Cosa significa rappresentare? Rendere presente, mostrare, mettere davanti agli occhi. Presentare alla mente provocando l'apparizione della sua immagine per mezzo di un altro oggetto che gli assomiglia o che gli corrisponde. Ma cos'è una rappresentazione mentale? È un'architettura fatta di pensieri, immagini mentali, e visioni organizzate sotto forma di progetto cognitivo. È una rappresentazione fatta di parole, immagini, cose, luoghi, persone alimentata attraverso le associazioni mentali. Esse possono essere prodotte a livello conscio e inconscio usando le parole. Le metafore, le narrazioni, gli aforismi, le favole, le storie sono rappresentazioni che evocano sensazioni, in questa prospettiva le parole possono essere strumenti molto potenti per sviluppare un linguaggio di tipo strategico: le parole inducono e scatenano emozioni positive o negative facendo vivere nell'interlocutore esperienze e sensazioni più o meno appaganti. L'immagine mentale e la parola si alimentano a vicenda, lo stesso alfabeto ha una struttura significante: dall'immagine alla parola dalla parola all'immagine.

La condivisione di un'idea con un'altra persona passa solo attraverso la parola. Quando più usiamo in modo appropriato le parole, attraverso una nostra rappresentazione, tanto più sviluppiamo un linguaggio strategico. Esempi che possono essere usati in comunicazioni per rappresentare meglio una realtà:

Aforismi: sono parole di saggezza, proverbi, "Tanto va la gatta al lardo che ci lascia lo zampino". È un proverbio popolare che esprime un concetto, indica il potenziale emergere di un rischio associato a situazioni che si ripetono nel tempo".

Metafora: in greco metafora indica trasposizione, meta=sopra e phorein=trasportare, portare da un posto all'altro. Vuol dire parlare di una cosa paragonandola ad un'altra, essa permette di rendere più comprensibile ciò che vogliamo comunicare. Quando Romeo dice "Giulietta è il sole" le qualità del sole sono trasportate su Giulietta, porta il significato da una cosa ad un'altra. Con la metafora si evocano sensazioni condivise e codificate dalla cultura di appartenenza, essa così aiuta anche l'espressione della reciprocità e dell'empatia. L'uso della metafora porta l'interlocutore a rendere più concrete le parole dotandole di maggiore significato e rappresentazione.

Aristotele diceva che metaforizzare bene è un segnale di genio, richiede la capacità di osservare le somiglianze. Le buone metafore sono "vivide" perché esse possono "mettere davanti agli occhi" il senso che rappresentano ed è attraverso questa "funzione illustrativa" che il significato metaforico viene comunicato.

Per i positivisti, Hobbes in particolare la metafora è frivola e inessenziale, di recente le metafore sono apprezzate come radici di creatività e di apertura del linguaggio e perciò come un aspetto essenziale della conoscenza. Le metafore combinano immagine e parola. Es: "la famiglia è una prigione", "la mia vita è un deserto spoglio", "sto affondando nelle sabbie mobili", "sto cercando di addomesticare un leone selvaggio".

La metafora sta con un piede in ogni emisfero, richiede i processi di entrambi gli emisferi, il sinistro analitico - logico e il destro globale - olistico contribuiscono all'espressione verbale della metafora.

Parola: permette di costruire e condividere una visione, di creare una visualizzazione nella mente dell'interlocutore. L'emittente entra così in "rapport" con il suo interlocutore, ma per stabilire questo rapporto bisogna trasferire altresì fiducia e sicurezza. In una comunicazione quello che è importante, ciò che conta veramente è che cosa di quello che diciamo percepisce il nostro interlocutore, ovvero l'idea che si fa di tali contenuti percepiti.

Quando comunichiamo si parla di progetti e nel procedere della comunicazione gli errori sono inevitabili, pertanto si può affermare che una comunicazione strategica procede per errori adeguando aggiustamenti linguistici atti a sviluppare una serie di immagini sempre più nitide in linea con gli obiettivi che vogliamo raggiungere da quella comunicazione interpersonale. L'errore fa parte della comunicazione, in essa il messaggio che si trasmette non sempre arriva, come trasformare l'errore in risorsa?

L'errore non deve deviare dall'economia della comunicazione (tempi, intenzioni, responsabilità). Attraverso l'errore le correzioni che apportiamo alla comunicazione ne modifica le traiettorie, sviluppando l'adattamento all'interlocutore e sottolineando parte del discorso creiamo quel tono, quell'attenzione, quel coinvolgimento adatto a condividere.

Nell'esercizio della leadership sviluppare un linguaggio strategico significa anche fare i conti con il nostro ego, avere autoconsapevolezza vuol dire conoscere i propri punti forza e le proprie debolezze. Questo si manifesta nella capacità di esprimere le nostre emozioni, di chiedere aiuto, di essere franchi. La franchezza è una qualità che la gente ammira e rispetta. Chi è in grado di valutare se stesso è in grado anche di valutare l'organizzazione affidata al suo controllo. La gestione di sé, l'autoregolazione è possibile con una conversazione interiore che consente di tenere a bada l'impulsività, in tal modo possiamo vedere meglio le alternative e visualizzarle e quindi usare parole potenti che evocano immagini, parole che impressionano, affascinano, suggestionano, esercitano un vero e proprio potere.

Non sono i fatti che colpiscono l'immaginazione di un individuo ma il modo in cui questi ultimi vengono presentati e rappresentati. Le parole provocano nell'interlocutore delle reazioni. Le reazioni delle azioni. Come sviluppare una buona sintonia. Sviluppare domande che evocano risposte positive. Esprimersi con entusiasmo . Non recriminare e non rinfacciare. Capire il comportamento da assumere con l'interlocutore . Per sviluppare sicurezza nei riguardi dell'interlocutore occorre altresì che il tono vocale sia allineato a quello dell'interlocutore . I termini devono indicare possibilità, desiderio, scelta, piuttosto che necessità "voglio fare" invece "che devo fare". Rappresentare ciò che è desiderabile riguardo al compito non riguardo al processo e se non si produce una motivazione nel rappresentare il compito, focalizzarsi sulle conseguenze per esempio delle complicazioni che deriverebbero dal mancato raggiungimento di un obiettivo condiviso.

Attraverso la comunicazione si arriva a persuadere. Il leader sa che il team è un calderone di emozioni in perenne subbuglio. Egli comprende la struttura emotiva della squadra e riesce con la comunicazione ad attenuare le resistenze naturali dell'interlocutore. Tali resistenze sono causati da veri e propri sentimenti di paura e di diffidenza che si generano soprattutto tra persone che non si conoscono. Qual è in concreto la strategia?

1. Comunicare le proprie intenzioni e renderle concrete.

2. Creare fiducia rassicurando l'altro in modo che possa sviluppare fiducia nei nostri confronti.

3. Ripetere più volte lo stesso concetto utilizzando canali diversi di comunicazione visivo – uditivo – cinestesico. Es. "sentirai la banda quanto sarà bello quando sarà finito"; "immagina quanto sarà bella l'inaugurazione"; "sentirai che sensazione positiva alla chiusura del progetto".

Ogni relazione parte da presupposti che attivano dei comportamenti e rispondono a domande che ci dobbiamo porre: Cosa voglio? Perché lo voglio? Quanto lo voglio? Allo stesso modo dobbiamo stabilire i bisogni del nostro interlocutore: cosa vuole, perché lo vuole e quanto lo vuole. In una relazione i bisogni dell'uno e dell'altro sono differenti per intensità e tipologia ma la quantità di gratificazione raggiunta per entrambi dovrebbe essere equivalente ed alta.

Cosa fare perché ciò si realizzi in una comunicazione? Semplicemente stabilendo con l'interlocutore una relazione tra bisogni. Quando si è capito cosa motiva noi e gli altri è possibile controllare e influenzare la motivazione per realizzare il raggiungimento di obiettivi comuni.

Il leader ha imparato anche a esercitare i cosiddetti comandi nascosti. Sono strumenti linguistici che accedono direttamente nella mente inconscia del soggetto:

Pronunciare il nome della persona o il pronome tu. Non usare negazioni : la mente inconscia esclude le negazioni. Usare le forme potere e volere. Rafforzare le espressioni verbali con un avverbio di tempo: adesso, ora, in questo momento. Usare un linguaggio evocativo: evocare suggestioni, ricordi, emozioni.

Usare espressioni da aforismi, proverbi che facilitano la comprensione del soggetto.

Il leader svolge il proprio ruolo con passione, non è motivato da fattori esterni ma da un desiderio profondamente radicato di riuscire per il solo gusto di riuscire. Ricerca sfide creative, non perde occasione per imparare e un compito svolto a regola d'arte lo riempie d'orgoglio.

L'arte del negoziato

Vi piaccia o no ognuno di voi è un negoziatore. Il negoziato è un fatto della vita. Tutti i giorni ci capita di negoziare anche quando non ce ne rendiamo conto. Si negozia con la propria moglie o il proprio marito su dove andare a cena, con i figli sull'ora in cui devono rientrare dalla discoteca.

Il negoziato è il mezzo fondamentale per avere dagli altri quello che vogliamo. In tutti i campi,dal lavoro all'amore, dalla vita familiare a quella sociale saper trattare significa ottenere, vincere, avere ragione. Conoscere le regole della trattativa è un asso nella manica, un vantaggio nella vita.

Il negoziato è una comunicazione nei due sensi intesa a raggiungere un accordo quando voi e la controparte avete alcuni interessi in comune ed altri in contrasto. Oggi sono sempre di più le occasioni che richiedono un negoziato.

Per quanto il negoziato si faccia ogni giorno non è facile farlo bene. Spesso esso lascia le persone insoddisfatte, esauste o irritate. Le persone si trovano in un dilemma e riscontriamo che viene usato due modi di trattare: uno morbido, in cui la persona per evitare il conflitto personale fa rapidamente concessioni allo scopo di raggiungere un accordo, in questo modo finisce sempre che si sente frustrato e mastica amaro.

Il negoziatore duro vede ogni situazione come uno scontro di volontà in cui, la parte che assume l'atteggiamento più radicale e lo mantiene più a lungo, se la cava meglio. Vuole vincere.

Tuttavia il più delle volte provoca reazioni pesanti che esauriscono lui e le sue risorse e guasta i rapporti con la controparte. È difficile ottenere ciò che si desidera e mantenere buoni rapporti con il prossimo.

Di solito, in una trattativa, la gente prende una posizione, la difende e fa concessioni per raggiungere un compromesso. Si può trovare un accordo o no, ma si procede con un tira e molla. È un processo che porta via molto tempo, quanto più lontane sono le posizioni iniziali e quanto più piccole sono le concessioni, tanto più tempo e sforzo ci vorranno per scoprire se un accordo è o non è possibile.

La trattativa di posizione diventa uno scontro di volontà e quando ci si vede costretti a cedere s'incrinano i rapporti tra le parti. L'alternativa al negoziato di posizione è il negoziato sul merito. Esso può essere sintetizzato in 4 punti:

⌈ **Persone**: scindete le persone dal problema. Le parti sono persone che risolvono un problema. Morbidi con le persone, duri con il problema.

⌈ **Interessi**: concentrarsi sugli interessi non sulle posizioni.

⌈ **Opzioni**: generare una gamma di possibilità prima di decidere cosa fare

⌈ **Criteri**: stabilire dei criteri.

Ognuno sa quanto sia difficile trattare una questione senza che le persone si fraintendano, si irritano, perdono la calma. La prima cosa è pensare che si stia trattando con esseri umani che hanno emozioni, valori radicati, differenti storie di vita e punti di vista, sono imprevedibili e spesso confusi. Bisogna chiedersi: "sto abbastanza attento ai problemi umani?". Ogni negoziatore ha due tipi di interessi: per la questione specifica, per il rapporto con la controparte.

Vuole raggiungere un interesse concreto ma è anche interessato al suo rapporto con la controparte. Infatti la maggior parte dei negoziati si svolge in un contesto di rapporti continuativi nel quale è importante che ogni trattativa sia condotta in modo di aiutare piuttosto che rendere più difficile la relazione e le trattative future. Difatti con i clienti, i soci, i membri di una famiglia, i colleghi il rapporto permanente è più importante dell'esito di qualsiasi trattativa specifica.

Il rapporto tende a intrecciarsi con il problema. Per esempio affermazioni come "la cucina è in disordine" o "il conto in banca è basso" possono essere dirette a descrivere un fatto ma è facile che siano recepite come attacchi personali.

La trattativa di posizione mette in conflitto il rapporto. Se io assumo una posizione ferma che voi considerate irragionevole è facile concludere che io non attribuisco al nostro rapporto e a voi un gran valore.

Separare il rapporto dall'oggetto e trattare direttamente i problemi personali. È utile pensare in termini di tre categorie fondamentali: *percezione, emozione, comunicazione*. I problemi personali rientrano tutti in queste tre categorie.

Si dimentica nel negoziato che si ha a che fare non solo con i problemi degli altri ma con i propri problemi, la propria collera, le proprie frustrazioni. Può darsi che non si ascolti e non si comunica nel modo giusto perché si è in collera.

Percezione

Quando si tratta un affare, una disputa, è importante capire che le divergenze sono date dalle divergenze tra il vostro modo di pensare e il loro. Il conflitto non sta nella realtà oggettiva ma nella testa della gente.

La divergenza esiste perché esiste una diversa percezione della realtà. La realtà non è oggettiva è soggettiva e se ci si mette nei panni degli altri più facilmente si apre la strada a una soluzione. La capacità di vedere la situazione come la vede la controparte, per quanto difficile possa essere, è una delle doti più importanti che un negoziatore possa avere. Non è sufficiente sapere che loro vedono le cose in modo diverso. Se lo volete influenzare bisogna che sentiate tutta la forza emotiva con la quale loro ci credono.

Per questo bisogna essere preparati a sospendere il giudizio, quello che i filosofi chiamano *epoché*. Comprendere il punto di vista dell'altro non è la stessa cosa che condividerlo. Non deducete le loro situazioni dalle vostre paure. Non prendetevela con loro per il vostro problema. Sottoposta all'attacco la controparte si chiude in difesa e contesta tutto. Quando parlate del problema separate le situazioni della persona con la quale state parlando. Discutete le reciproche impressioni. Un modo per gestire le diverse percezioni è renderle esplicite e discuterle con la controparte. Cercate occasioni per agire in modo diverso dai pregiudizi che la controparte ha su di voi. Interessate la controparte al risultato facendola partecipare al processo. Istintivamente, se la questione è spinosa, coinvolgete la controparte e chiedete il suo parere.

Salvategli la faccia. Salvare la faccia riflette il bisogno di una persona di conciliare l'atteggiamento che assume in un negoziato con i suoi principi e le sue precedenti parole e azioni. Spesso in un negoziato la persona continua a tenere duro non perché la proposta sia inaccettabile, ma perché vuole evitare la sensazione o l'apparenza di inchinarsi alla controparte. Salvare la faccia implica conciliare un accordo con i principi dei negoziatori e l'immagine che egli ha di sé.

Emozione

In un negoziato le emozioni possono essere più importanti delle parole. La gente arriva alla trattativa sapendo che la posta è alta e sentendosi minacciata. L'emozione di una delle parti contagia l'altro. La paura può alimentare la collera, la collera la paura. Per prima cosa riconoscete le vostre emozioni e quelle degli altri. Vi sentite nervoso? Quali sono le emozioni degli altri? Perché siete nervoso? Perché lo sono gli altri?

Esplicitate le emozioni. Parlate delle loro emozioni con la controparte e parlate delle vostre emozioni. Fare dei vostri sentimenti e dei loro un argomento di discussione esplicita, non solo evidenzia la serietà del problema ma rende anche il negoziato meno reattivo e più costruttivo. Liberati dal fardello delle emozioni inespresse i negoziatori sono più propensi a lavorare intorno al problema concreto.

Consentite alla controparte di sfogarsi, spesso un modo efficace per trattare con la rabbia, la frustrazione e altre emozioni negative delle persone è aiutarle a esprimere tali sentimenti. La gente ricava un sollievo psicologico dal semplice fatto di riepilogare i propri motivi di mal contento. La migliore strategia da adottare quando la controparte vuole scaricarsi è forse quella di ascoltare tranquillamente senza replicare ai suoi attacchi e di tanto in tanto chiedere all'oratore di continuare finché non ha detto tutto. In questo modo offrite scarso alimento all'incendio, date all'oratore tutto l'incoraggiamento perché vuoti il sacco e lasciate poco o niente all'intossicazione.

Non reagite agli sfoghi emotivi, reagire alle emozioni negative può essere pericoloso, può provocare un ulteriore reazione emotiva che, se non è controllata, può finire in un violento alterco in un processo di escalation.

Fate gesti simbolici o riti, ogni innamorato sa che per terminare un litigio il semplice gesto di offrire una rosa rossa può aiutare molto. Atti che provocano un'emozione positiva come un segno di simpatia, una dichiarazione di rincrescimento, una stretta di mano, un abbraccio, possono essere tutte opportunità impagabili per migliorare, a basso costo, situazioni emotivamente ostili. In molte occasioni scusarsi può efficacemente disperdere la tensione, può essere uno degli investimenti meno costosi e più redditizi che si può fare.

Comunicazione

Senza comunicazione non c'è negoziato. Il negoziato è un processo di comunicazione nei due sensi, con lo scopo di raggiungere una decisione comune. La comunicazione non è una cosa facile, neanche tra persone che si conoscono. Coppie che hanno vissuto insieme per 30 anni hanno ancora fraintendimenti ogni giorno. È normale che la comunicazione è insufficiente tra persone che non si conoscono. Qualunque cosa diciate vi dovete aspettare che la controparte capisca quasi sempre qualcosa di diverso.

1°problema: è possibile che i negoziatori non parlino l'uno all'altro, non ci si sforza di stabilire una seria comunicazione. Si parla semplicemente per ottenere un certo effetto sulla psiche. Anziché danzare con il proprio interlocutore si cerca di farlo inciampare.

2°problema: anche se state parlando chiaramente può darsi che l'interlocutore non vi sta a sentire. Magari è preoccupato su quello che deve dire, argomentare. Probabilmente anche voi non siete capaci di ripetere quello che vi hanno detto, a volte perché dimenticate di ascoltare ciò che la controparte vi sta dicendo ora. Ma se non udite ciò che la controparte vi sta dicendo non c'è comunicazione.

3°problema: fraintendimento. Ciò che uno dice, l'altro lo può fraintendere. Anche quando i negoziatori siedono nella stessa stanza la comunicazione fra l'uno e l'altro può assomigliare all'inizio ai segnali di fumo in una giornata di vento. Dove le parti parlano lingue diverse la probabilità di equivoci si moltiplica.

Ascoltare attivamente e capire ciò che viene detto. La necessità di ascoltare è ovvia, ma è difficile ascoltare bene, specie se si è sotto lo stress di un negoziato in corso. Ascoltare ci rende capaci di afferrare le percezioni degli altri, sentire le loro emozioni, udire ciò che stanno cercando di dire. Ricordare le tecniche rogersiane di ascolto ovvero: fare attenzione a ciò che viene detto, se del caso interrompere e dire "se ho capito bene...." " mi state dicendo che..." Chiedere alla controparte di chiarire ciò che vuole, se c'è qualche ambiguità.

Imporsi, mentre si ascolta, a non preparasi la risposta, ma di capire gli altri, le loro percezioni, i loro bisogni, le loro costruzioni. Comprendere non vuol dire approvare. Formulate le obiezioni solo dopo aver riepilogato le argomentazioni della controparte.

Parlare per essere capito: parlate di voi e non degli altri. In molti negoziati ogni parte espone e condanna le motivazioni e le intenzioni della controparte. È molto più convincente descrivere il problema in termini di impatto su di voi. "Mi sento abbandonato" invece di "avete mancato di parola" "Ci sentiamo discriminati" invece di "Lei è un razzista".

Se si emette un giudizio sulla controparte che da essa è ritenuto non vero vi ignorerà o andrà in collera. Ma un'affermazione su come voi vi sentite è molto difficile da contestare. Voi trasmettete le stesse informazioni senza suscitare la reazione difensiva che le impedirebbe di recepirle.

Parlare a proposito: talvolta il problema non è la mancanza ma l'eccesso di comunicazione. A volte certi pensieri di risentimento certe informazioni è preferibile non rivelarli. Prima di comunicare informazioni bisogna chiarirsi a quale scopo quelle informazioni devono servire.

Prima di negoziare conoscere personalmente la controparte: è davvero utile. Quanto più rapidamente si riesce a trasformare un estraneo in qualcuno che si conosce tante più probabilità ci sono che il negoziato si appiani. Cercare di conoscere gli interlocutori e di scoprire i loro gusti e le loro idiosincrasie aiuta molto la negoziazione.

Va affrontato il problema non la persona. Se i negoziatori si vedono come avversari è impossibile negoziare. Ogni parte tende a mettersi sulla difensiva e a reagire ignorando del tutto gli interessi reciproci. Per quanto difficili possono essere i rapporti personali tra noi, voi e io diventiamo più capaci di raggiungere una conciliazione amichevole dei nostri diversi interessi quando accettiamo questo compito come un problema comune e lo affrontiamo insieme. Il negoziato va sempre visto come un'attività fianco a fianco nella quale ambedue con i vostri interessi e le vostre percezioni differenti e con un vostro coinvolgimento emotivo fronteggiate insieme un compito comune.

L'approccio fondamentale è trattare le persone come esseri umani e il problema nei suoi termini concreti. In un negoziato gli interessi definiscono il problema. Il problema fondamentale non sta nelle posizioni contrapposte ma nel conflitto tra bisogni, desideri preoccupazioni e paure di ciascuna parte. Desideri e preoccupazioni sono interessi. Gli interessi motivano la gente, essi sono i moventi silenziosi dietro il baccano delle posizioni. I vostri interessi sono ciò che vi hanno indotto a decidere. Bisogna scorgere gli interessi motivanti piuttosto che mediare le posizioni. Dietro opposte posizioni ci sono interessi condivisi e compatibili oltre quelli in conflitto. Una posizione è chiara. Gli interessi sono inespressi, allora si chiede proprio per cercare di capire i bisogni, timori e desideri. Gli interessi sono molteplici e quelli più potenti sono i bisogni umani elementari che sono:

- Sicurezza
- Benessere economico
- Senso di appartenenza
- Riconoscimento
- Controllo sulla propria vita.

Pur se sono fondamentali, i bisogni umani elementari sono facilmente trascurabili. In molti negoziati si tende a pensare che il solo interesse siano i soldi, invece anche i negoziati su somme di denaro, per esempio, dietro la richiesta di un certo importo dell'assegno di mantenimento in una causa di separazione, può essere sottinteso il sentimento di sentirsi al sicuro o qualche forma di riconoscimento. Allora parlate dei vostri interessi, siate precisi e concreti e riconoscete gli interessi della controparte come parte integrante del problema.

Ognuno di noi tende ad essere preoccupato dei propri interessi e non riesce a guardare quelli degli altri, ma gli uomini ascoltano meglio e sono disponibili se sentono di essere compresi. Essi tendono a pensare che quelli che li capiscono sono persone intelligenti e vanno ascoltati, se volete che la controparte consideri i vostri interessi incominciate con il dimostrare che voi apprezzate i suoi *"Ho compreso bene i vostri interessi? Avete altri interessi importanti?"*.

Se volete che qualcuno comprenda le vostre ragioni esponete i vostri interessi e fate le vostre osservazioni prima, e le vostre conclusioni e/o proposte dopo. Vi ascolteranno con attenzione non fosse altro per cercare di capire dove volete andare a parare.

Guardate avanti, non indietro. Per soddisfare meglio i vostri interessi è meglio parlare di dove vi piacerebbe andare piuttosto da dove siete venuti. Parlate di quello che vorreste succedesse in futuro invece di chiedere agli altri di giustificarsi per quello che hanno fatto ieri, chi farà che cosa domani.

Duro con il problema, morbido con le persone. Bisogna separare la gente dal problema. Se si attaccano le persone si spegne la creatività nel trovare soluzioni. Si può attaccare il problema senza dare colpa alle persone.

Cosa si fa se loro sono più forti?

Di fronte al potere ci si protegge. Non abbiate troppa paura di concludere e seguire il canto della sirena *"mettiamoci d'accordo e facciamola finita!"*.

Si fissa in anticipo la peggiore soluzione possibile "l'ultima spiaggia". Avere un limite invalicabile rende più facile resistere alle pressioni e alle tensioni del momento. Questo, però, vi può trattenere sia dal dare prova d'immaginazione sia dal convincere su una soluzione che sarebbe saggio accettare.

C'è un'alternativa al limite invalicabile. C'è uno strumento di misura che vi protegge sia contro l'accettare un accordo che dovreste respingere sia contro il respingere uno che dovreste accettare?

Conoscere l'*alternativa* migliore. Se non avete riflettuto su quello che farete, se non riuscite a raggiungere un accordo state negoziando a occhi chiusi. Un errore psicologico frequente è di vedere globalmente le alternative. Vi potete dire: se non mi metto d'accordo sullo stipendio per questo lavoro, posso sempre andare a Milano , nel sud, o tornare a scuola, o lavorare in campagna o vivere a Parigi. La difficoltà è, se non raggiungete l'accordo, dover scegliere solo una concreta delle alternative possibili.

Ma il pericolo maggiore sta nell'essere troppo interessato a raggiungere l'accordo. Non avendo sviluppato alcuna alternativa si diventa eccessivamente pessimisti circa quello che succederebbe se i negoziati s'interrompessero. L'alternativa va cercata e migliorata. Migliore è l'alternativa maggiore è il vostro potere. La gente pensa che il potere negoziale sia determinato da risorse come la ricchezza, i legami politici, la forza fisica e la potenza militare. In realtà il relativo potere negoziale dipende principalmente da quanto attraente può essere la prospettiva di non mettersi d'accordo.

Pensate per un momento a come vi sentireste se andate a un colloquio di lavoro senza nessun altra offerta di lavoro. Pensate come si svolgerebbe la conversazione sullo stipendio. Le alternative non sono proprio là ad aspettarvi. Le alternative vanno sviluppate. Produrre possibili alternative richiede 3 operazioni:

⌐   ideare un elenco di azioni che si possono intraprendere se non si giungesse a un accordo,

⌐   migliorare alcune idee e convertirle in opzioni pratiche,

⌐   selezionare l'opzione che sembra migliore.

La 1° operazione è inventare. Esempio: se entro la fine del mese la società X non mi fa un'offerta di lavoro soddisfacente che cosa posso fare? Cambiare città? Mettermi in proprio? Cos'altro?

Il 2° stadio è lavorare sulle idee migliori e trasformare le più produttive in vere opzioni. Se pensate di lavorare a Milano cercate di trasformare tale idea in un'offerta di lavoro in quella città. Etc.

Il passo finale è selezionare la migliore delle opzioni. Se non raggiungete un accordo quali delle vostre alternative praticabili pensate di utilizzare?

Compiuto questo sforzo avete in mano una misura. Sapere quello che farete se il negoziato non porta all'accordo, vi dà sicurezza nel processo negoziale. È più facile interrompere le trattative, e, maggiore è la vostra disponibilità a interrompere le trattative, maggiore è la forza con cui potete presentare i vostri interessi e la base su cui pensate di trovare un'intesa.

E per finire, ci sono i negoziatori duri che usano tattiche per farvi sentire a disagio. In genere sono comunicazioni manipolative verbali e non verbali atti per farvi sentire a disagio, per es. commenti sul proprio vestito, oppure "sembri uno che ha passato la notte in bianco", sono attacchi personali, insinuazioni; smascherare pubblicamente tali tattiche eviterà che ci riprovino.

Ci sono minacce, pressioni, richieste crescenti. Considerate la possibilità di ignorare, continuate come se non aveste sentito o fate sapere che cosa ha da perdere se non si raggiunge l'accordo, ma non siate vittime. Qualunque cosa facciate controbattete il gioco sporco. Voi potete essere fermi quanto loro. È più facile difendere un principio che una tattica scorretta.

RINGRAZIAMENTI

Ringrazio il presidente dell'Università della terza età Antonino Fabbrocino per avermi dato la possibilità, nonostante le pressioni degli accademici di Pescara, di sperimentarmi con uno spaccato d'umanità vigile e curioso, capace d'interloquire e di esprimere considerazioni personali, mai banali.

Grazie agli alunni di Pianella che mi hanno seguito con affetto e devozione ed in particolare a Mira Cancelli la cui partecipazione ha sempre costituito un valore aggiunto alle conversazioni.

Ringrazio Vincenzo Centorame il mio costante riferimento culturale ed i giovani Danilo Palazzeschi ed Assunta Armida Costantini per l'aiuto alla revisione del testo.

Ed infine grazie a Rocco Persico, compagno di sempre, che mi ha iniziato all'attività di conferenziere.

Bibliografia

Omraam M. Aivanhov, *The Powers of Thought No. 224,* Prosveta

Lucio Della Seta, *Debellare il senso di colpa. Contro l'ansia, contro la sofferenza psichica,* Marsilio Editori, 2005

Armezzani., Grimaldi., Pezzullo L., *Tecniche costruttiviste per l'indagine di personalità*, McGraw-Hill, 2003

Aldo Carotenuto, *Attraversare la vita*, Milano, Bompiani, 1999

Umberto Galimberti , *I miti del nostro tempo*, Feltrinelli 2002

Giampaolo Giuliani, Alfredo Fiorani, *"L'Aquila 2009. La Mia Verità sul Terremoto"*, Castelvecchi editore, 2009

Edoardo Giusti, Lino Fusco, *Uomini. Psicologia e psicoterapia della maschilità*, Sovera, 2002

James Hillman, *Puer aeternus (Senex and Puer: An Aspect of the Historical and Psychological Present)*, Adelphi, Milano 1999

Carl Gustav Jung, *Gli archetipi dell'inconscio collettivo (1934-54)*, Bollati Boringhieri, 19775

Primo Levi, *Lilít e altri racconti*, Einaudi, 1981

Domenico Masi, *La felicità*, Rizzoli, 2014

Thomas Moore, *La cura dell'anima*, Frassinelli, 1997

Edgar Morin, *I sette saperi necessari all'educazione del futuro*, Raffaello Cortina, Milano 2001

Willy Pasini, La vita a due. *La coppia a venti, quaranta e sessant'anni*, Mondadori, 2007

Fritz Pearls, *Gestalt Therapy: Excitement and Growth in the Human Personality (1951)*, Astrolabio, Roma 1971

Jeremy Rifkin, *La fine del lavoro, il declino della forza lavoro globale e l'avvento dell'era post-mercato*, Oscar Mondadori, 2002

Joel C. Robertson, Natural *Prozac: Learning to Release Your Body's Own Anti-Depressants* , Harper, 1998

Carl Ramson Rogers, *La terapia centrata sul cliente*, Psycho, 2000

Martin Seligman, *La costruzione della Felicità (Authentic Happiness: Using the New Positive Psychology to Realize Your Potential for Lasting Fulfillment),* Free Press, 2004

L'AUTORE

Rosa Ucci, nata a Lanciano (CH) nel 1946, si è laureata in Scienze Politiche a Bologna e in Psicologia Applicata a "La Sapienza" di Roma. Dopo un'esperienza ventennale di insegnamento, si è dedicata alla libera professione di psicologa e psicoterapeuta, porgendo particolare attenzione ai problemi dello sviluppo della personalità femminile nella sua espressione individuale e sociale.

Il suo spiccato senso di libertà e il desiderio incessante di conoscere la natura umana in tutte le sue sfumature l'hanno condotta in Australia, in America, in Inghilterra, dove ha approfondito le più recenti tecniche di analisi dei comportamenti consci e inconsci e svolto attività di ricerca e di divulgazione su tematiche sociali.

Rosa vive oggi a Londra.

www.rosaucci.com

Table of Contents

Help Your Mind to Change..1

INTRODUZIONE...7

Capitolo 1
IL COMPORTAMENTO DELL'UOMO DI FRONTE ALLE CONSEGUENZE DEI DISASTRI NATURALI E...NON SOLO......17

Capitolo 2
IL MASCHIO DA REINVENTARE
quando si è prigionieri di un ruolo..31

Capitolo 3
QUANDO SI DIVENTA VERAMENTE VECCHI?
I CAMBIAMENTI FISICI COME TRASFORMAZIONI.................49

Capitolo 4
QUANDO LA SPIRITUALITA' DIVENTA
UN SURROGATO CHIMICO...65

Capitolo 5
I CAMBIAMENTI SOCIOCULTURALI
E LA STABILITA' PSICOLOGICA..73

Capitolo 6
SEMI PER UN EQUILIBRIO FRAGILE E IN PERENNE
CAMBIAMENTO : IL MATRIMONIO 81

Capitolo 7
QUANDO L'INFORMATICA ENTRA NELLA VITA DEGLI
UOMINI. VIRTU' E PERICOLI..93

Capitolo 8
LE NUOVE MODALITA' DELLA CREATIVITA'
NEL III MILLENNIO..101

Capitolo 9
QUANDO L'ASCOLTO E' UN'ARTE PREZIOSA.......................125

RINGRAZIAMENTI..150

Bibliografia..154

L'AUTORE..**158**

Made in the USA
Charleston, SC
25 September 2016